连云港智慧航道研究院资助项目
江苏省高校品牌专业资助项目

精密海洋导航测量集成系统研究

焦明连　吴柏宣　邹学海　著

U0353924

中国矿业大学出版社

内 容 提 要

本书研究并解决了传感器输出数据的密采问题、水深定点取样问题、疏浚土方的快速精密计算问题,设计了疏浚扫浅工程测量技术支持解决方案。精密海洋导航测量集成系统在大型深水海港——连云港港的港池、泊位、航道通航水深测量、疏浚工程的检测验收、疏浚土方精确计算等工作中发挥着重要作用,并在航道局、航务局、海洋工程监理公司、海洋渔业管理等单位得到应用,取得了较好的社会效益和经济效益,在工程实践中极具推广价值。

本书可供从事海洋技术、海岸工程、港口航道、海洋管理、海洋信息和海洋测绘工作的工程技术人员以及相关领域的科研人员和研究生参考使用。

图书在版编目(C I P)数据

精密海洋导航测量集成系统研究/焦明连,吴柏宣,
邹学海著. —徐州:中国矿业大学出版社,2017.12

ISBN 978 - 7 - 5646 - 3836 - 8

Ⅰ. ①精… Ⅱ. ①焦… ②吴… ③邹… Ⅲ. ①航海导
航—海洋测量—测量仪器—自动控制系统 Ⅳ. ①TH766

中国版本图书馆 CIP 数据核字(2017)第 317055 号

书　　名	精密海洋导航测量集成系统研究
著　　者	焦明连　吴柏宣　邹学海
责任编辑	史凤萍
出版发行	中国矿业大学出版社有限责任公司
	(江苏省徐州市解放南路　邮编 221008)
营销热线	(0516)83885307　83884995
出版服务	(0516)83884895　83884920
网　　址	http://www.cumtp.com　E-mail:cumtpvip@cumtp.com
印　　刷	徐州市今日彩色印刷有限公司
开　　本	787×960　1/16　印张 9.75　字数 186 千字
版次印次	2017 年 12 月第 1 版　2017 年 12 月第 1 次印刷
定　　价	36.00 元

(图书出现印装质量问题,本社负责调换)

前　言

"提高海洋资源开发能力,发展海洋经济,保护海洋生态环境,坚决维护国家海洋权益,建设海洋强国",是中华民族永续发展、走向世界强国的必由之路。

未来几年,国家将从海洋资源开发、海洋经济发展、海洋科技创新、海洋生态文明建设等方面推动海洋强国的建成。在海洋资源开发方面,既要注重开发能力的提高,又要注重开发格局的优化。要统筹陆海资源配置、经济布局、环境整治和灾害防治、开发强度与利用时序,统筹近岸开发与远海空间拓展。在海洋经济发展方面,计划在2020 年前推出 10～20 个海洋经济示范区,力争海洋经济总量占国民生产总值(GDP)的比重达到 10% 以上,使之成为拉动中国国民经济发展的有力引擎。在海洋科技方面,将着力提升海洋科技自主创新能力,跟踪和探索海洋领域重大科学问题,提高勘探开发海洋资源以及保护海岸带、海洋生态环境的水平,加强海水淡化、海冰淡化和海水直接利用新技术研究,进一步研发具有自主知识产权的深水油气勘探和安全开发技术等。在海洋生态文明方面,将积极推动海洋资源的节约利用和海洋生态环境保护工作,坚持规划用海、坚持集约用海、坚持生态用海、坚持科技用海、坚持依法用海。

本书是连云港市科技局重点实验室项目(JC1604)、连云港市国土资源局测绘科研项目(LYGCHKY201203)的科研成果总结。本书解决了目前国内工程单位使用的国产海洋测绘系统精度低、集成度不够和工程支持能力欠缺的问题,把外业导航测量、内业数据后处理、海洋水深成图和工程应用集成在一个系统内,研究并解决了传感器输出数据的密采问题、水深定点取样问题、疏浚土方的快速精密计算问题,设计了疏浚扫浅工程测量技术支持解决方案。精密海洋导航测量集成系统在大型深水海港——连云港港的港池、泊位、航道通航水深测量、疏浚工程的检测验收、疏浚土方精确计算等工作中发挥着重要作用,并在航道局、航务局、海洋工程监理公司、海洋渔业管理等单位得到广泛应用,取得了较好的社会效益和经济效益,在工程实践中极具推广价值。该成果获得2015年江苏省测绘地理信息科技进步一等奖和2016年中国测绘科技进步三等奖。

全书共7章,包括海洋测绘概述、海洋精密水深测量、精密海洋导航测量系统安装、精密导航外业测量系统、精密导航测量内业处理系统、疏浚土石方精密计算系统和 HyTin 应用案例与成果展示。

本书的编写得到连云港智慧航道研究院(JC1604)、江苏省高校优势学科(海洋科学与技术)、江苏省高校品牌专业(海洋技术)的联合资助。连云港市国土资源局郦远东、连云港港口工程设计研究院有限公司王志荣、杨世明等参与了系统的研发。河海大学岳建平教授、解放军信息工程大学翟翊教授给予诸多有益的建议,在此一并表示感谢。

本书内容只是作者及其团队近年研究成果的阶段性总结,相关理论与技术还有待进一步深入研究,加上作者水平有限,经验不足,书中难免有疏漏和谬误之处,恳请同行专家和广大读者不吝赐教。

著　者

2017 年 10 月

目　　录

第 1 章

海洋测绘概述

1.1　海洋测绘的任务与内容

　　海洋测绘是研究与海洋和陆地水域有关的地理空间信息采集、处理、表示、管理和应用的科学与技术,既具测绘学科各分支的综合性,又有其独特性。海洋测绘主要为研究地球形状、海底地质构造运动和海洋环境等科学性任务提供基础资料,为各种海洋资源开发和利用工程等实用性任务提供所需要的海洋测量服务工作,是一切水域活动的先导,具有国际性、全局性和基础性等特征。因此,要全面地为国家海洋经济建设服务,发展海洋测绘高科技,改造传统的作业方式和信息服务方式,建立适应海洋开发的测绘数据库,研究新理论,开辟新专业,提供多种类的海洋自然地理要素,与海洋产业开发部门挂钩联系,有针对性地开展提供海洋测绘信息服务的专题研究,有效地为产业部门的经济建设提供测绘保障。

　　自《联合国海洋法公约》生效以后,许多濒海国家面临着海域疆界划分的问题,我国与周边国家正在举行海洋国土划界的谈判工作。海洋划界与陆地划界有着许多不同之处,茫茫海面没有任何标志物,海底地形变化很大,只能靠仪器测量和标定出它的踪迹。海洋划界主要是靠图上作业,从划界方案的研究到确定界线,自始至终都离不开海图,必须要有精度高、比例尺合适、反映海底地形准确的海图。因此,要加快我国海洋测绘高技术的发展,利用新技术、新装备对我国中近海区,特别是近邻周边国家的海区进行精确测量,为我国的海区划界谈判工作提供详细、可靠的海区地理资料。

1.1.1 海洋测绘

海洋测绘是研究海洋定位、测定海洋大地水准面和平均海水面、海底和海水面地形、海洋重力、磁力、海洋环境等自然和社会信息的地理分布及编制各种海图的理论和技术。

1.1.1.1 海洋测绘的对象

尽管大海一片汪洋，但海洋是由各种要素组成的综合体，因此海洋测绘的对象可以分解成两大类，就是自然现象和人文现象。

（1）自然现象

自然现象指自然界客观存在的各种现象。如曲曲折折的海岸，起伏不平的海底，动荡不定的海水，风云多变的海洋上空。用科学名词来说，海洋测绘的自然现象就是海岸和海底地形、海洋水文和海洋气象。它们可以分解成各种要素，如海岸和海底的地貌起伏形态、物质组成、地质构造、重力异常和地磁要素、礁石等天然地物，海水温度、盐度、密度、透明度、水色、波浪、海流，海空的气温、气压、风、云、降水以及海洋资源状况等。

（2）人文现象

人文现象指经过人工建设、人为设置或改造形成的现象。如岸边的港口设施——码头、船坞、系船浮筒、防波堤等，海中的各种平台，航行标志——灯塔、灯船、浮标等，人为的各种沉物——沉船、水雷、飞机残骸，捕鱼的网、栅，专门设置的港界、军事训练区、禁航区、行政界线——国界、省市界、领海线等，还有海洋生物养殖区。

1.1.1.2 海洋测绘的特点

海洋测绘的对象是海洋，而海洋与陆地的最大差别是海底以上覆盖着一层动荡不定的、深浅不同的、所含各类生物和无机物质有很大区别的水体。在海洋水域没有陆地那样的水系、居民地、道路网等要素，除浅海区外，也没有植被。

海底地貌也比陆地地貌要简单得多，海底地貌单元巨大，很少有人类活动的痕迹。但这并不是说海洋测绘比陆地测绘要简单得多，相反，海洋测绘在许多方面比陆地测绘要困难。其特点是：

① 海洋测量中三维坐标（X、Y、H）须同步测定，即平面位置和深度同步测定；

② 海洋测量中作业距离较大，海洋无线电测距一般必须采用低频电磁波，水下测量采用声波作为信号源；

③ 海洋测深受潮汐、海流和温度的影响,必须考虑这些因素对测量结果的影响;

④ 海洋测量在不断运动着的海水面上进行,具有动态性,必须考虑四维性;

⑤ 海洋测量无法进行重复观测,为了提高测量精度,必须采用多套不同的仪器系统进行测量,从而产生同步多余性;

⑥ 海洋测量观测条件比较复杂,观测精度相对较低。

1.1.2　海洋测绘的任务与主要内容

1.1.2.1　海洋测绘的任务

根据海洋测绘工作的目的不同,可把海洋测绘任务划分为科学性任务和实用性任务两大类:

(1) 科学性任务

科学性任务包括三部分内容:

① 为研究地球形状提供更多的数据资料;

② 为研究海底地质的构造运动提供必要的资料;

③ 为海洋环境研究工作提供测绘保障。

(2) 实用性任务

实用性任务主要是指对各种不同的海洋开发工程,提供它们所需要的海洋测绘服务工作。主要包括:

① 海洋自然资源的勘探;

② 离岸工程;

③ 航运、救援与航道;

④ 近岸工程;

⑤ 渔业捕捞;

⑥ 海上划界;

⑦ 其他海底工程(海底电缆、海底管道等)。

1.1.2.2　海洋测绘的主要内容

海洋测绘的主要内容包括以下方面:

① 海洋大地测量。海洋大地控制网布设和测量与以往所用的理论和原理相同,而海底控制点的布设一般使用 3 个或 4 个一组的应答器通过声学测量的方法建立海底控制。

② 海洋工程测量。海洋工程测量为海岸、海洋工程的稳定性服务。它主要

包括:A. 工程结构的稳定性及形变监测;B. 海床的稳定性;C. 水文特征及其规律;D. 地形地貌特征;E. 底质及地质结构。

③ 水深测量及水下地形测量:目前所用方法有船载在航水深测量、单波束测量(单频或双频)、多波束测量、机载激光系统、卫星遥感测深等。海底地形测量是测量海底起伏形态和地物的工作。其特点是测量内容多,精度要求高,显示海底地物、地貌详细。地貌测量多采用多波束、侧扫声呐测量。

④ 障碍物探测:确认障碍物,探明其位置。其主要测量工具:A. 多波束;B. 侧扫声呐;C. 磁力仪;D. 浅地层剖面仪;E. 其他探测设备。

⑤ 水文要素调查:获取海洋温度、盐度、透明度、水色、潮汐、潮流等水文要素的测量。

其主要测量方法:A. 温度:表层温度计、颠倒温度计;B. 盐度:通用的阿贝折射仪、多棱镜差式折射仪、现场折射仪;C. 透明度:透明度仪、光度计;D. 潮汐:潮位站验潮;E. 潮流:流速流向仪、声学多普勒流速剖面仪(ADCP)。

⑥ 海洋重力测量:海洋重力测量是测量海区重力加速度的工作。其主要目的是研究地球的形状和内部构造、勘测海洋矿产资源和保证远程导弹发射提供海洋重力数据。海洋重力测量可分为海底(沉箱式)重力测量、船载重力测量、机载重力测量、卫星重力测量等。

⑦ 海洋磁力测量。海洋磁力测量是测定海上地磁要素的工作,是研究地球物理现象、海洋资源勘探以及海底宏观地质构造的有力手段之一。

其主要目的是寻找与石油、天然气有关的地质构造和研究海底的大地构造。海洋磁力测量包括船基在航磁力测量、机载磁力测量、卫星磁力测量等。

⑧ 海洋专题测量和海区资料调查:以海洋区域的地理专题要素为对象所进行的测量。

⑨ 各种海图、海图集、海洋资料的编制和出版。

⑩ 海洋地理信息的分析、处理及应用。

1.2　海洋测绘的研究现状与发展趋势

1.2.1　海洋测绘的研究现状

1.2.1.1　全海域、立体获取技术体系已初步形成

传统海底地形地貌测量主要借助船载多波束测深系统和侧扫声呐系统来

获取。随着卫星重力技术的发展,借助重力梯度变化的海底地形大尺度反演技术已经出现,并为一些海域的地球科学研究提供了重要的基础信息。此技术基于可见光的水色遥感技术,借助可见光在水体中传播和反射后的光谱的变化,结合水深,通过构建反演模型,可实现大面积水域的海底地形地貌信息获取,并在一些重点水域开展了初步的应用,取得了米级的精度。机载激光测深技术尽管早在20世纪90年代就已经出现,但由于相关技术的落后和我国近海和内水水质的浑浊,尚未得到很好的应用。近年来,随着海岛礁调查专项中岛礁周边海底地形地貌信息获取需求的增强,加之相关技术的不断完善,机载激光测深技术在海岛礁调查、岸滩水下地形地貌测量中得到了很好的应用。为了提高海底地形地貌信息获取的分辨率和精度,更好地满足海洋科学研究和工程应用需要,以AUV/ROV(自主式水下潜器/遥控潜器)为平台,携带多波束测深系统、侧扫声呐系统和水下摄影系统于一体的深海海底地形地貌测量系统已经出现,并在我国一些重点勘测水域和工程中得到了成功应用,也得到了海事、水下考古、海洋调查等部门的高度重视。目前,从太空、空中、水面到水下的"立体"海底地形地貌信息获取态势在我国已初步形成。

1.2.1.2 自主知识产权的多波束测深系统已研制成功

相对于单波束而言,多波束测深系统的测深优势主要体现在测深效率显著提高、测深数据分辨率成量级增长。长期以来,我国的多波束测深系统几乎全部依赖进口,尽管国内相关科研院所为研制自主多波束系统开展了近20年的努力,但因技术封锁进展缓慢。可喜的是,近年来,在哈尔滨工程大学、中科院声学所以及中海达等机构的学者和工程人员的共同努力下,经过大量深入细致的研究,突破了多脉冲发射技术和双条幅检测技术,在保持小声学脚印条件下,实现了高密度信号采集与处理,采用Dolph-Tchebyshev屏蔽技术,减少了垂直航迹方向的旁瓣效应,综合采用"单频"和"双频"双系统、"等角"和"等距"双模式切换,动态聚焦和窄波束设计等技术,并联合不确定度多波束测深估计等技术,提高了多波束测深的数据质量、分辨率和可信性,提出了新的相位差解模糊方法和利用可变带宽滤波器改进相位差序列估计精度方法,提高了测深精度和质量,结合设备工艺改进研究,最终研制了具有自主知识产权的我国浅水高分辨率多波束系统,并成功实现了商业化。

1.2.1.3 深海高分辨率地形地貌信息获取

尽管多波束和侧扫声呐系统在浅水均具有较高分辨率的海底地形地貌信息获取能力,但随着水深的增加,获取信息的分辨率随之迅速降低。该问题已成为深海资源勘查的一个瓶颈。为解决此需求,近年来我国学者在硬件系统和数据处理算法方面均开展了深入研究,硬件突破体现在两方面:其一,采用多脉冲发射技术和双条幅检测技术,提高多波束和侧扫声呐系统的分辨率。其二,以 AUV/ROV 为平台,接近海底获取高分辨率海底地形地貌信息,在数据处理算法方面,根据多波束和侧扫声呐测量信息的互补性,提出了基于二者信息融合的海底高精度和高分辨率地形地貌信息获取方法,提出了基于高分辨率侧扫声呐图像反演高精度高分辨率海底地形的新方法。这些研究已在一些水域开展了实践,将测深分辨率提高了近 50 倍,并取得了与传统测深结果一致的精度,深海高分辨率地形地貌信息获取难题正逐步得到解决。

1.2.2　海洋测绘新技术及应用

（1）卫星定位技术

目前的主要卫星定位技术有:单基准站常规差分 GPS(DGPS);多基准站差分 GPS(RBN/DGPS);广域差分 GPS(WADGPS)——提供实时米级甚至亚米级的定位精度;GPS RTK 技术——应用于滨海断面测量、滩涂测量和水下地形测量。

（2）水深测量技术

水深测量主要应用声学探测技术,即单波束回声测深技术;多波束测深、机载激光测深以及卫星遥感测深技术的出现和应用,使测深技术有了新的发展,水深测量效率大为提高。多波束测深技术以及测深侧扫声呐技术将是今后水深测量技术的重点发展方向。

（3）海洋遥感和卫星测高技术

海洋遥感利用 SAR、多光谱及高度计等技术对遥感影像片资料进行加工处理,在岛礁定位、岸滩监测、岸线确定、浅海测深、航行危险区和他国非法占领海区海图修测等方面发挥着重要的作用。

卫星测高技术利用卫星上装载的微波雷达测高仪、辐射计和合成孔径雷达等仪器,实时测量卫星到海面的距离、有效波高和后向散射系数等,处理和分析这些数据能研究全球海洋大地水准面和重力异常以及海面地形、海底构造等多方面的问题。

（4）数字海图和海洋测绘数据库技术

数字海图和海洋测绘数据库是指存储在计算机可识别的某种介质上（光盘、磁盘等）的不可视的数字和图形数据,它也可根据需要处理成可视化的图像。

海洋测绘数据库技术主要包括海图数据库、水深数据库、海洋重力数据库、潮汐数据库、海洋数字地面模型（DEM）数据库及其他与海洋测绘有关的数据库。

（5）海洋地理信息系统（OGIS）

海洋地理信息系统：以海洋空间数据及其属性为基础，存储海洋信息，记录物体之间的关系和演变过程，具有强大的显示和分析功能，为海洋环境规划、海洋资源的开发与使用、海战场环境建设提供决策支持、动态模拟、统计分析和预测等，为国家和地方政府、科学研究机构和经济实体等在进行海洋工程建设、资源开发、抗灾防灾以及军事活动等的决策或管理时，提供迅速、准确、及时地海洋地理信息。

1.2.3　海洋测绘的发展趋势

① 加强海底地形地貌测量理论和技术的系统研究，将其与以保障舰船航行安全为主要目标的水深测量相分离，形成面向海洋地理空间信息获取的独立性基础学科分支，以海底地形地貌的精细测绘为目标，突出其基础性测绘工作特征，开展相关技术标准的制定和技术方法创新。

② 在陆海一体化测绘体系建设方面，重点加强海洋测绘基准基础设施建设，系统建立海洋测绘基准与大地测量基准的联系与维持，实现海洋测绘数据与陆地数据的基准转换与无缝拼接，开展海岛礁测绘一期工程系列基准成果的测试与检核，大力提高已有基准成果的精度和工程化应用水平，继续完善陆海一体化水上水下地形测绘理论与技术方法，优化改进陆海一体化测绘软硬件装备，制订相应的技术标准，推进工程化应用。

③ 在海洋测量数据处理方面，进一步加强数据处理核心理论与方法的研究，完善自主知识产权的多波束数据、侧扫声呐数据处理软件系统，开展引进GT-2M海洋重力仪自主数据处理理论与方法研究，进一步优化海洋磁力数据处理模型，开展海岛礁三分量磁测数据的通化处理方法研究，突破海岛礁磁测数据工程应用的技术瓶颈。

④ 在海洋测绘高新技术发展方面，开展中国北斗卫星导航定位系统在海洋测绘领域的应用研究，持续推进无人水面测量船、无人机海岸测绘系统、海岛礁航空摄影测量和机载 Lidar 地形测量系统测试与生产，开展机载激光测深、机载海洋重磁测量等新型测量数据处理理论与方法研究，采取引进、消化与集成创新相结合的方式，加速构建机载海洋测绘技术体系。

第 2 章

海洋精密水深测量

2.1　单波束测深技术

测深精度对港口及航道疏浚、抛石护岸的设计与施工和探索水库泥沙淤积规律等有着重要影响,目前国内水文测量系统应用的主要测深技术是单波束测深技术、多波束测深系统和 GPS-RTK 测深技术。单波束测深仪主要经历了模拟、模拟与数字结合及全数字化三个阶段。本章具体结合 SDH-13D 型测深仪在水下地形测量中的应用,就测深仪在操作及使用过程中对测量精度的影响进行探讨。

2.1.1　外业操作对测量精度的影响及消除措施

2.1.1.1　声系统安装

在野外进行水深测量时,测船螺旋桨的噪声会干扰声波的发射与接收,螺旋桨产生的气泡和漩涡会吸收换能器的辐射声能和水底的反射能量。因此,声系统应安装在没有进出水管,远离船航,距船头 1/3～2/5 船身长舷侧。换能器放入水中深度为 0.5～1.0 米,当测船航速较快或在急流、泡漩水流中航行时,换能器应尽可能放入水中深一些,但考虑到在由深泓向岸线行进测量时,近岸水下的岩石或浅滩可能会对换能器造成损害,故在实际测量中,换能器入水深度一般定为 0.5 米,或比船头吃水深度略浅。在实测中,由于测船靠近岸线时,航速减慢,在近岸 10 米处一般仅靠惯性滑行,船航行时的漩涡基本消失,对测量精度影响极小。实测表明,换能器的入水深度对测量精度的影响主要表现在航行中的快速行驶或在急流、泡漩水域中的测量。这时应调节系统的“灵敏度调整"电位器,以消除或减弱船航行时气泡及漩涡对换能器的影响。

2.1.1.2　调试准备工作

测量前,在电源正负极接通无误后,要对系统进行校零调整、吃水调整、定标调试、声速校准等工作。校零调整简单易行,而吃水调整、定标调试、声速校准如不注意就会引起测量误差。

在进行吃水调整时,易出现的错误是,只注意了对"量程倍乘"开关 K 置于"X1"挡位时换能器入水深度的补偿,忽略了开关 K 置于"X2"挡位时对换能器入水深度的重新调整补偿,造成较大的人为测量误差。在开关 K 置于"X2"挡位时,换能器入水补偿量在记录纸上的刻度也应加倍,即换能器入水深度为0.5 米,则在记录纸上应调为 1 米。

定标调试是易忽略的一项工作。在按下"定标"开关后,记录纸上应出现一条垂直于记录纸走向的直线。如果这条线与记录纸走向不垂直,就会造成水下地形的失真和测量水深及高程的记录误差。这时应检查记录针,调节锁紧螺母,适当增加拉紧弹簧的拉力,使"定标"直线与记录纸垂直。

声速校准是测前准备中最为关键的一项调试。声波在水中的传播速度与水温、压力、含盐度等因素有关,不同的水域有不同的介质,也即有不同的声速。为提高测深精度,在测前对声速进行校正是十分必要的。

2.1.1.3　操作过程

在测量中常会遇到河底回波迹线在正常深度范围内消失的情况,这种现象与水中存在气泡、急流、暗流及水底有较厚淤泥有关。在船舶来往频繁的水域也会透射,也妨碍了回波的接收,导致回波迹线消失而无法在记录纸上显示水深。在这种情况下,应迅速微调"灵敏度调整"电位器,确保连续、无间断地出现清晰的一次回波迹线,保证测量记录的可靠性与准确性。

换能器发射的声波是呈圆锥体发射的,其波束角是锥体的锥角,当水底地形起伏较大时,换能器将会首先接收到漫反射回波而不是波束角中心的回波,记录纸上会出现两道或多道回波迹线。这时候测量船应慢速航行,同时降低测深仪放大器的增益,使记录在换能器正下方的回声显示较强,而漫反射的回声则显示较淡,然后通过人工判断得出较为正确的水深,也可以通过波束角效应误差改正模型来削弱此项影响。

2.1.1.4　水下地形提示

根据记录纸上各个断面的最深点、记录显示的过深乱后深沟起止断面的比较,以及深沟在各个断面上显示的沟距宽窄及向岸边移动情况,可提示河底冲刷坑的基本情况,当出现此提示时,应适当加密测量断面和测点,以便内业工作中更精确、详尽地绘制出冲刷坑的大小、形状、坡度、最深点等。

① 在船驶过深沟后,记录纸上显示出深沟的回波迹线,而前一个断面又无此信号时,提示河底出现冲刷坑,这个断面即为冲刷坑的起点。在以后相继出现的深沟回波迹线断面中可找出冲刷坑最深点。深沟回波迹线消失的前一个断面即为冲刷坑的止点,前后两个断面间的距离即为冲刷坑的长度。

② 在由深沟回波迹线起点至止点的各断面中,相继出现由深沟靠岸方向且沟沿向岸边移动的情况,可大致判断冲刷坑的走向。在各断面中找出出沟距最宽者,此即为冲刷坑最大宽度所在断面。冲刷坑宽度可由记录纸上深沟的外缘(靠深沟一侧)出现起到其内缘(靠岸一侧)出现止的时段和船的航速来估算。

2.1.2　内业解释对测量精度的影响及消除措施

2.1.2.1　疑难点读取

在实测中,有时水深数字出现异常,记录纸上的回波迹线也不清晰,或有拉丝现象,或迹线上升较快与定标直线几乎重合,其交点难以辨认、判断。根据测深仪工作原理,应取其靠前的表面上的一点为实测点,即按就前不就后、就低不就高的方法来选定测点。

2.1.2.2　遗漏点处理

在测深仪操作过程中有时会出现水深数字异常,定标直线遗漏或回波迹线间断的情况,内业中对对这些点的处理关系到测量误差的大小。对定标直线遗漏点的处理应根据纸速和船速按等距内插法来处理,保证水下地形的真实性。对回波迹线间断点的处理可根据回波迹线的走势趋势,参考前后断面的回波迹线形态,采用手工平滑判读的方式处理,以减少水深或河底高程的测量误差。

2.2　多波束测深系统

多波束测深仪的显著特点是能一次发射和接收一列波束。在测量船速等控制得当的情况下,多波束测深仪可以对一个区域进行全覆盖的面测深,这是对单波束测深技术的巨大改进。多波束测深技术的应用,不仅提高了外业测量的作业效率,同时也提高了野外探测能力;不仅为水深测量提供了方便,也为沉船或沉物的寻找、暗礁或浅点的探查提供了方便。

2.2.1 多波束系统的坐标系

多波束测深系统是多传感器组成的综合系统,除了多波束测深仪和定位仪器外,还包括测定船舶航向的电罗经、测定纵摇横摇的姿态传感器及测定上下起伏的涌浪滤波器等辅助测量设备。只有当它们相互匹配时,才能正常开展测量工作。

① 测量船坐标系:右手系,往船艏方向看,向左为 X 轴正向,与船舶舷艉线平行为 Y 轴正向,垂直向下为 Z 轴正向,坐标原点一般选在多波束探头发射中心。多波束探头、姿态传感器、电罗经、GPS 等的安装位置及其坐标系均依测量船坐标系确定。(图 2-1)

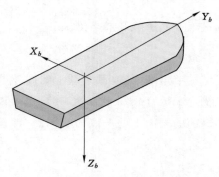

图 2-1　测量船坐标系

② 多波束探头坐标系:与多波束测深扇面垂直,并指向船艏为 Y 轴正向,向左为 X 轴正向,中心波束方向为 Z 轴正向,坐标原点在多波束探头发射中心,三轴与测量船坐标系对应轴平行。

③ 姿态传感器坐标系:三轴与测量船坐标系对应轴同向平行。

④ 电罗经坐标系:三轴与测量船坐标系对应轴同向平行。

⑤ 水平坐标系:与平静时的测量船坐标系重合,X_aY_a 平面与当地水平面平行。水深点纵摇改正、横摇改正和航向倾斜改正等,均参照该坐标系进行。

⑥ 测量坐标系:一般使用高斯坐标系,多波束水深经航向归算后,最后纳入该坐标系。

2.2.2 横摇与纵摇改正

多波束测深系统进行水深测量时,因受风浪的影响,测量船不免产生摇摆,导致测量船坐标系的倾斜,使测得的水深出现系统偏移,从而需要同时进行船舶姿态测量,并对水深进行倾斜改正。姿态传感器可以测量船舶的横摇与纵摇(图 2-2),依此可进行横摇改正与纵摇改正。

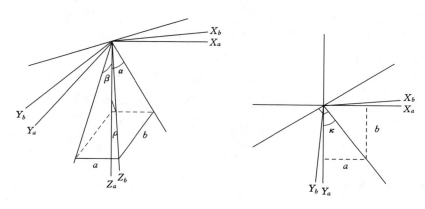

图 2-2　测量船舶的横摇与纵摇

改正时,测量船坐标系($X_bY_bZ_b$)绕直线 l 旋转 ρ 即可与水平坐标系($X_aY_aZ_a$)重合。所以有

$$
\begin{bmatrix} x_a \\ y_a \\ z_a \end{bmatrix} = \begin{bmatrix} \cos\kappa & \sin\kappa & 0 \\ -\sin\kappa & \cos\kappa & 0 \\ 0 & 0 & 1 \end{bmatrix} \begin{bmatrix} 1 & 0 & 0 \\ 0 & \cos\rho & \sin\rho \\ 0 & -\sin\rho & \cos\rho \end{bmatrix} \begin{bmatrix} \cos\kappa & -\sin\kappa & 0 \\ \sin\kappa & \cos\kappa & 0 \\ 0 & 0 & 1 \end{bmatrix} \begin{bmatrix} x_b \\ y_b \\ z_b \end{bmatrix}
$$

$$(2-1)$$

其中,

$$
\begin{cases}
\rho = \tan^{-1}\sqrt{a^2 + b^2} \\[2mm]
\sin\kappa = \dfrac{a}{\sqrt{a^2 + b^2}} \\[2mm]
\cos\kappa = \dfrac{b}{\sqrt{a^2 + b^2}} \\[2mm]
a = \tan\alpha \\
b = \tan\beta
\end{cases}
$$

$$(2-2)$$

式中　α——横摇;

　　　β——纵摇。

2.2.3　航向归算

多波束系统测向一般采用光纤罗经或陀螺罗经,它们都依据地球自转进行航向测定,但就测量原理来讲,二者有着本质的不同。在航向归算前,先要弄清它们测得的是什么量,需要进行怎样的变换处理。

（1）光纤罗经

光纤陀螺原理基于光学的萨格钠克效应:当光束在一个环形的通道中前进时,如果环形通道本身具有一个转动速度,则在不同的前进方向上,光学环路的光程相对于环路在静止时的光程都会产生变化。利用这种光程的变化,光纤陀螺可以测量光纤环路的转动速度。光纤罗经安装三个相互垂直的光纤陀螺,可分别测出地球自转角速度在这三个垂直方向的分量值,如果三个光纤陀螺仪的旋转轴分别与测量船坐标系的三根轴相对应平行,则由所测得的角速度分量便可确定船舶航向。

（2）陀螺罗经

陀螺罗经是基于物理学角动量原理（或称动量矩原理）的一种导航仪器。根据角动量原理,当高速旋转的陀螺转子,没有外力矩作用时,转动轴将保持方向不变,这就是陀螺仪的定轴性;而有外力矩作用时,转动轴将朝外力矩的方向转动,这就是陀螺仪的进动性。陀螺罗经利用了陀螺仪的定轴性和进动性,由地球自转时产生相应的控制力矩（如重力力矩）,使陀螺主轴自动找北;外加使用阻尼力矩,使陀螺主轴稳定指北。

从结构上看,陀螺罗经一般由灵敏部分、随动部分和固定部分三部分组成。灵敏部分为陀螺球,内有陀螺转子、陀螺电机等,其作用是指北。随动部分包括随动支架、方位齿轮等,随动部分的作用之一是跟踪陀螺球,使主罗经刻度盘零度线与陀螺主轴方向保持一致;对于数码刻度盘,陀螺球的航向检测不用传统的机械电器式的传感器、齿轮、同步电机等,而是采用数码检测信号。固定部分包括罗经桌或罗经箱体等,其作用除了支承陀螺球、随动部分等外,是要利用其上设置的罗经基线获取航向。从对不同类型的陀螺罗经的结构分析不难看出,船舶航向是陀螺主轴和罗经基线在主罗经刻度盘平面上投影线间的夹角。陀螺罗经工作时,主罗经刻度盘可以绕垂直轴旋转,而垂直轴安装于固定部分位置相对不变,因此,当船舶倾斜时,主罗经刻度盘随之倾斜。于是可得结论:陀螺罗经测定的是倾斜面上的航向。如果陀螺罗经未进行倾斜修正,必要时可按一定的公式进行处理。

2.2.4　声线计算

多波束声线弯曲计算采用二维模式,即声速只在垂直深度上发生变化,而在水平方向上均匀。

对于连续变化的声速,有

$$\begin{cases} D = \int v\cos\theta \mathrm{d}t \\ X = \int v\sin\theta \mathrm{d}t \end{cases} \tag{2-3}$$

式中　t——计算点单程旅行时的时间;

　　　θ——计算点声线切线与垂线之间的夹角;

　　　v——计算点声速;

　　　D——换能器到海底的水深;

　　　X——侧向中心距。

对于离散的声速,有

$$\begin{cases} D = \sum_{i=1}^{n} v_i\cos\theta_i\Delta t_i \\ X = \sum_{i=1}^{n} v_i\sin\theta_i\Delta t_i \\ \Delta t_i = \dfrac{\Delta z_i}{v_i\cos\theta_i} \\ t_0 = \sum_{i=1}^{n}\Delta t_i \end{cases} \tag{2-4}$$

式中　Δt——各层单程旅行时的时间;

　　　θ——各层入射角;

　　　v——各层声速;

　　　Δz——各层厚;

　　　D——换能器到海底的水深;

　　　X——侧向中心距。

θ 值按斯涅尔定律计算

$$\frac{v}{\sin\theta} = \frac{v_1}{\sin\theta_1} \tag{2-5}$$

式中　θ_1——波束入射角;

v_1——换能器表面声速。

2.2.5 系统偏差改正

多波束测深系统各传感器坐标系的对应坐标轴应当相互平行,但由于安装偏差的存在,这点很难保证。电罗经和姿态传感器的安装偏差尚可通过静态测定进行测定或校正,多波束探头的安装偏差却很难进行这样的静态测定。如果不对系统安装偏差进行有效处理,将极大影响多波束测深系统的测量质量。为此,根据多波束测深系统的特点,设计了横摇综合偏差、纵摇综合偏差和艏向综合偏差等偏差测定方法。

(1)横摇综合偏差

横摇综合偏差测定宜选择在平坦水域进行。因为在平坦水域,航向偏差只影响到水深点位;纵摇偏差尽管还影响到水深,但是对各水深点是等幅度的。在航向偏差和纵摇偏差的影响下,水深还是平坦的。因此,在平坦水域可突现横摇偏差的影响,测定后应先行改正。测定采用同测线往返测量的方式。

(2)纵摇综合偏差

纵摇综合偏差测定宜选择在水深有明显变化的水域进行,如有一定坡度的斜坡(航向垂直于斜坡),测定也采用同测线往返测量的方式,通过比较同水深点航向上的点位变化,确定纵摇偏差。采用同测线往返测量的方式时,航向偏差使多波束探头扇面偏转一角度,如无纵摇和横摇的影响,在同一船位处,两Ping平行,将测得相同的水深。因此,采用同测线往返测量可突出纵摇偏差的影响,宜在航向偏差前进行测定。

(3)艏向综合偏差

艏向综合偏差测定也宜选择在水深有明显变化的水域进行,有明显的目标点更佳。测定采用两平行测线同向测量的方式,通过比较重叠带内同水深点(目标点)航向上的点位变化,确定艏向偏差。

横摇综合偏差和纵摇综合偏差包括多波束探头和运动姿态传感器安装偏差的共同影响;艏向综合偏差则包括多波束探头和电罗经安装偏差的共同影响。除了进行上述几项偏差测定外,对于采用 GPS 等设备定位的,还应先进行定位时延测定。

2.2.6 多波束系统误差来源

多波束系统需由多传感器协同进行水深测量,观测值多,误差来源也多,从参数测定的准确性,到工作环境的优劣,都会影响水深成果的质量。内部来源有设备的观测精度、仪器的结构设计等;外部来源有风浪的影响、各种干扰信号等。

(1) 观测误差

观测误差包括横摇观测误差、纵摇观测误差、起伏观测误差、航向观测误差、波束旅行时间误差、声速误差等,一般以设备标称精度来衡量,或通过设备率定确定。这些误差属偶然误差,按误差传播律,最终反映在水深误差和点位误差中。

多波束水深测量是一种动态的测量,各设备的观测精度会受到现场环境条件的很大影响,尤其是有活动部件的观测设备,环境条件差时,观测精度会明显下降,例如风浪过大能引起涌浪滤波器测量值的严重失真。因此,系统应在各设备的限差范围内工作,才能保证质量。

(2) 偏差测定误差

多波束系统的偏差测定主要包括姿态传感器、罗经偏差的静态测定和多波束探头综合偏差的动态测定。另外,还有定位时延测定(动态测定)。显然,静态测定的精度较高,能以设备的标称精度来衡量,但如若不进行此项改正,在一定条件下,也会造成水深误差;综合偏差是用波束进行目标测定,而每个波束都具有相当大的波束角,就好比经纬仪测角时,不是用十字丝照准目标,而是用手电筒光柱去照准目标,每次观测的精度很低,因此,必须通过大量的观测才可能达到所需精度。

(3) 起伏变化和摇摆变化的影响

多波束水深测量每 Ping 需接收很多波束,从接收第一个回波到最后一个回波,有一个时间差,在这一接收时段内,起伏和摇摆都会发生变化,可能影响水深及其点位归算的准确性。以 30 米水深,单边 3 倍水深宽度测量为例,边缘波束和中央波束接收的时间差约为 80 毫秒。假定起伏变化为振幅 0.50 米,周期 5 秒的正弦曲线,则在 80 毫秒的接收时段内,起伏最大变化近 5 厘米;假定横摇变化为振幅 10°,周期 5 秒的正弦曲线,则在 80 毫秒的接收时段内,横摇最大变化近 1°,对边缘波束水深的影响高达 1.66 米。摇摆变化不仅对水深产生影响,也对起伏的倾斜改正产生影响。起伏变化和摇摆变化应采用适当的模型,进行恰当的处理。

(4) 粗差处理

应能准确识别和处理观测值的粗差,否则将严重影响水下地形的真实性。

水深观测值的粗差主要通过相邻波束和相邻 Ping 的水深变化情况加以判别；姿态观测值的粗差则要通过观测值过程线变化来判断。

（5）计算误差

计算误差主要是近似方法使用不得当，如声线计算时，入射角和旅行时间步长过大，可能带入较大的计算误差，可以通过改进计算方法加以解决。

（6）波束单元入射角观测误差

单波束水深测量是以波束脚印中，最快回波作为该波束的水深观测值。如果多波束也采用同样方式测量水深，则可能使水深出现很大误差，对波束单元入射角大的波束尤甚。因此，多波束水深测量应当能测定波束脚印内的最浅点，确定其声线和波束单元入射角。

在对水深敏感的浅水航行水域进行测量时，要严格控制作业环境的影响，要分析水深与设备参数设置之间的关系，确保多波束系统的探测能力。除了上述因素外，观测值的时间同步问题、测量船的振动等都会影响水深的质量。

2.3 GPS-RTK 测深技术

GPS 技术的出现，带来了测量方法的革新，在大地控制测量、精密工程测量及变形监测等应用中形成了很大优势。特别是利用 RTK 与测深技术，组成 GPS-RTK 和测深仪联合作业系统进行水下地形测量，在实际海洋勘察中取得了显著的效果。

2.3.1 信标机的基本原理

信标机是可以自动选择信标台的双通道接收机，集无线电信标接受和载波相位接受于一体，定位无须投资基准站设备，即可实现导航与测量，并不受地域限制提供亚米级差分定位精度。但其也有自身的不足，不可以实时测定其位置的高程，其高程采用验潮的方法来修正和确定，在实际应用中，验潮的时间间隔长短与数据误差成正比。验潮的误差源主要有三个方面：① 目测的误差；② 测量船在风浪作用下的升降位置不均匀造成的高程误差；③ 潮位改正，为了正确表示海底地形，需要将瞬时海面测得的深度，计算至平均海面、深度基准面起算的深度，这一归算过程称为潮汐改正。在验潮站的作用范围内，瞬时水面的潮汐可通过诸验潮站的潮位观测值内插获得，即潮汐内插。回归法内插潮汐实质上是将潮汐的瞬间变化看作时间的多项式函数利用 N 个观测间隔 Δt 的潮位观

测值内插出 N 个 Δt 时段的潮汐变化曲线，该曲线即反映了该时段潮汐变化的特征。其解决办法为：多人多次进行观测，取平均值，测量船的前行速度在一定范围之内并保持匀速，方可减小系统误差和偶然误差。因信标仪的定位精度不高、验潮的精度差和比较烦琐而显得不足。GPS-RTK 技术出现后取代了信标机位置。

2.3.2　RTK 技术的基本原理

GPS 技术始于 20 世纪 90 年代初，先是静态 GPS 定位，21 世纪初发展出动态 GPS 定位，即 GPS-RTK 系统。该系统是基于载波相位观测值基础上的实时动态定位技术。其系统主要由基准站、流动站和数据传输系统三大部分组成。在 RTK 工作过程中，选择已知控制点或支点作为参考点，并在其上架设 RTK 基准站，连续实时接收全球定位系统(GPS)卫星信号。在 RTK 流动站，要先进行设备初始化，待完成整周模糊度的搜索求解获得窄带固定解后，再进行 RTK 作业。工作中，RTK 基准站将测站点坐标、载波相位观测值、伪距观测值、卫星跟踪状态及接收机工作状态等信息通过数据链将其发送给流动站接收机，流动站接收机通过电台(数据链)接收来自基准站的数据，同时还要采集 GPS 卫星载波相位信号数据，通过系统内差分处理，采用卡尔曼滤波技术，在运动中初始化求出整周模糊度，流动站点位坐标与基准站间的坐标差 $(\Delta x, \Delta y, \Delta z)$ 等信息，由此可获得流动站点在基准站坐标系统下的坐标值。最好通过坐标转换和参数转换等计算，得到流动站站点在所需坐标系统下的三维坐标 (X, Y, Z)，精度可达厘米级。

2.3.3　水深测量的基本作业步骤

水深测量的作业系统主要由 GPS 接收机、数字化测深仪、数据通信链和便携式计算机及相关软件等组成。测量作业分三步来进行，即测前的准备、外业的数据采集测量作业和数据的后处理形成成果输出。

(1) 测前的准备

① 将 GPS 基准站架设在已知点 A 上，设置好参考坐标系、投影参数、差分电文数据格式、发射间隔及最大卫星使用数，关闭转换参数和 7 参数，输入基准站坐标(该点的单点 84 坐标)后设置为基准站。

② 将 GPS 移动站架设在已知点 B 上，设置好参考坐标系、投影参数、差分电文数据格式、接收间隔，关闭转换参数和 7 参数后，求得该点的固定

解(84 坐标)。

③ 通过 A、B 两点的 84 坐标及当地坐标,求得转换参数。

④ 建立任务,设置好坐标系、投影、一级变换及图定义。

⑤ 做计划线,如果已经有了测量断面就不需要重新布设,但可以根据需要进行加密。

(2)外业的数据采集

① 架设基准站在求转换参数时架设的基准点上,且坐标不变。

② 将 GPS 接收机、数字化测深仪和便携机等连接好后,打开电源。设置好记录设置、定位仪和测深仪接口、接收机数据格式、测深仪配置、天线偏差改正及延迟校正后,就可以进行测量工作了。

(3)数据的后处理

数据后处理是指利用相应配套的数据处理软件对测量数据进行后期处理,形成所需的测量成果——水深图及其统计分析报告等,所有测量成果可以通过打印机或绘图机输出。

2.3.4　影响水深测量精度的几种因素及相应对策

(1)船体摇摆姿态的修正

船的姿态可用电磁式姿态仪进行修正,修正包括位置的修正和高程的修正。姿态仪可输出船的航向、横摆、纵摆等参数,通过专用的测量软件接入进行修正。在实际作业中高速行驶的船体左右摇摆较轻微。

(2)RTK 定位数据与测深数据不同步造成的误差

GPS 定位输出的更新率将直接影响到瞬时采集的精度和密度,现在大多数 RTK 方式下 GPS 输出率都可以高达 20 Hz,而测深仪的输出速度各种品牌差别很大,数据输出的延迟也各不相同。因此,定位数据的定位时刻和水深数据的测量时刻的时间差造成定位延迟。对于这项误差可以在延迟校正中加以修正,修正量可在斜坡上往返测量结果计算得到,也可以采用以往的经验数据。

(3)吃水改正

吃水改正包括静态吃水和动态吃水。根据换能器相对船体的位置,换能器可按照几何关系求解。动态吃水就是要确定作业船在静态吃水的基础上因航行造成的船体吃水的变化。这种变化有时也称作航行下沉量,它受船只负载、船型、航速、航向和海况等诸多因素的综合影响。

　　RTK 高程用于测量水深,其可信度问题倍受关注。在作业之前可以把使用 RTK 测量的水位与人工观测的水位进行比较,判断其可靠性,实践证明 RTK 高程是可靠的。为了确保作业无误,可从采集的数据中提取高程信息绘制水位曲线(由专用软件自动完成)。根据曲线的圆滑程度来分析 RTK 高程有没有产生个别跳点,然后使用圆滑修正的方法来改善个别错误的点。

第 3 章

精密海洋导航测量系统安装

3.1　系统简介

精密海洋导航测量集成系统,即海洋测量以及疏浚辅助计算机辅助绘图集成系统软件,是构筑在 AutoCAD(自动计算机辅助设计软件)平台上用于海洋测量外业测量、内业处理以及疏浚辅助(为便于外业疏浚,提供疏浚方量、标记欠、超挖范围和待挖高差等信息)的综合海洋测量软件。

3.1.1　海洋测量软件

海洋测量外业采集软件是基于 Auto CAD 平台进行的二次开发软件。该软件是完全依据多年工程现场实践经验而研发,并在后续不断地使用逐步改进,在使用过程中取长补短,不断完善,达到了现在较为完善的水平。本系统在 CAD 平台下开发,使用者只要稍微熟悉 CAD 就会很容易上手,同时本系统内、外业统一在 CAD 平台下,无须格式转换。其主要功能有:

① 陆地和海洋(江河)测量和成图;

② 直接在图面上进行符号比例尺全自动缩放;

③ 符号自定义自动分层;

④ 自动 DTM 三角网建模;

⑤ 等高线自动绘制;

⑥ 土方计算(包括平均高程法、断面法和模型法,设计面可以是曲面),此功能还有升级版疏浚辅助软件(HyTin 验方师),达到了精确、快速、全数字化水平;

⑦ 断面图绘制；

⑧ 丰富的编图功能；

⑨ 地籍、勘界绘图两大模块，满足行业需求。

3.1.2　疏浚辅助软件(HyTin 验方师)

疏浚土石方计算系统，源自解决海洋(Hy)工程土方计算方面的问题而编写，是 Tin (triangulated irregular network)的运算机器，因此称之为 HyTin。是按照更准、更易、更快的目标，使用数字高程模型和计算几何作为理论武器，通过博采众长、研究严密的土方计算数学模型，设计高效的算法，结合工程实践，在通用图形平台——AutoCAD2010 上，建立的一个先进疏浚土方计算系统。HyTin 验方师使用 Tin 描述建立数字地形模型，在此基础上设计了 3 种土方计算方案。

（1）模型法

直接进行 2 个 Tin 之间的体积计算，设计面不但可以是平面或斜面，也可以是一个复杂的 Tin。模型法计算精度最高，并且最容易操作使用：① 可以按需输出土方零线、挖方体、填方体等多种计算成果；② 可以输入超深模型，自动计算超挖土方量；③ 可以任意指定计算土方范围线，只计算范围内的土方；④ 可以绘制三维土方效果图。

（2）断面法

断面切割线快速布置，在 Tin 模型上自动切割断面，设定图纸规格，自动输出断面图。断面法可以计算超挖土方量，可以对断面进行任意分区计算土方（例如系统默认把航道分成 4 个区：左边坡、左槽、右槽、右边坡）。

（3）方格网法

HyTin 的方格网法土方计算完全基于 Tin 模型，与传统的方格网法有很大的区别，显著的标志是土方计算的精度与网格的大小无关，精度与模型法相同。对于计算范围内可能存在的沟、溏等不需要计算土方的区域，无须对方格网进行特别处理，就可以算出准确的土方。

HyTin-验方师不仅可以计算土方，还可以用来进行疏浚扫浅测量数据处理工作，为挖泥船提供准确的浅点信息；能对多波束海量水深点进行自动删选，并且保证不遗漏浅点；可以自动输出准确的浅区范围线，并且可以用不同的颜色填充显示浅值信息。针对实际工作中数据来源的多样性，HyTin 可以快速自动提取多种高程和水深注记的高程信息，并且能自动准确判读等高线的高程，自动离散生成土方计算需要的测点。使用 HyTin 可以利用两期测图,精确地计算海区回淤。

3.2　系统安装

3.2.1　海洋测量软件安装

① 本软件为绿色软件,无须安装,只需将 map2000 和 mapblock 两个文件夹拷贝到任意一个磁盘下,打开 Auto CAD,点击【菜单】—【选项】—【文件】,出现一个如图 3-1 所示的对话框。

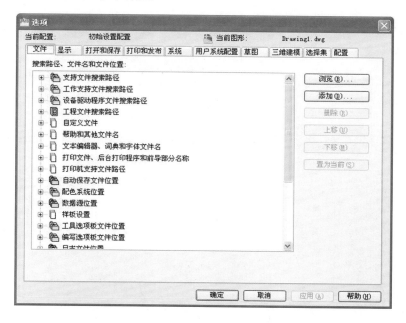

图 3-1　点击文件对话框

② 点击【支持文件搜索路径】—【添加】,将 map2000 和 mapblock 这两个文件夹加载到路径中,如图 3-2 所示。

点击确定,加载完成。

③ 调出菜单,如图 3-3 所示,在 CAD 命令栏里输入 menu,找到 map2000 文件夹里面的 mapacad.cuix 菜单文件。

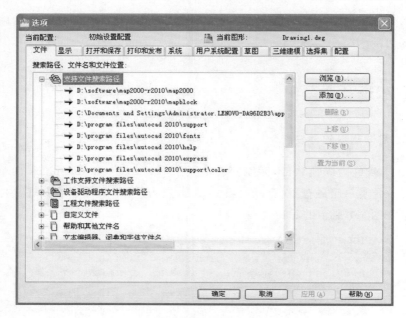

图 3-2　点击路径对话框

图 3-3　调出菜单对话框

　　点击【打开】map2000 软件菜单栏就自动加载到 CAD 的菜单上面,根据需要进行菜单栏调整,软件安装完毕。

3.2.2　HyTin 软件安装

如果安装的是上述集成版（海洋内、外业测量及土石方精密计算软件），直接在【海测】菜单中点击【打开土石方计算程序】，同样可以启动土方计算程序。如果单独安装土石方精密计算软件，则按照下述方法进行：

① HyTin 无须安装，对您的 CAD 无任何影响。只要解压在某个文件夹就可以了。例如文件拷贝在 F:/HyTin 中。进入 CAD 后，在命令行上输入"netload"，回车，弹出如图 3-4 所示的对话框。

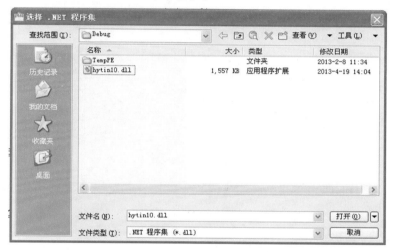

图 3-4　输入"netload"对话框

② 找到 HyTin 文件夹（或 map2000 文件夹）中的 HyTin10.dll 文件，点击【打开】按钮，HyTin2.0 就装入了 CAD。

③ 在 CAD 命令行上输入 HyTin10 回车，就启动了 HyTin2.0，会出现如图 3-5所示的工具条漂浮在屏幕上。

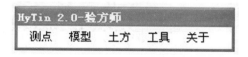

图 3-5　土方工具条漂浮图

第 4 章

精密导航外业测量系统

Map2000 海洋测量采集软件是专业的海洋水深数据外业采集软件,分为【测量任务设置】、【坐标系统设置】、【测量参数设置】、【开始海洋测量】、【退出海洋测量】五个部分。

启动 CAD,点击海测—开始海洋测量,出现图 4-1 所示的【设置】对话框。

图 4-1　设置对话框

4.1　测量任务设置

测量任务设置主要是对测量任务名称、记录数据储存位置等进行设置,如图 4-2 所示。

按照对话框的要求进行设置填写,最后确定。

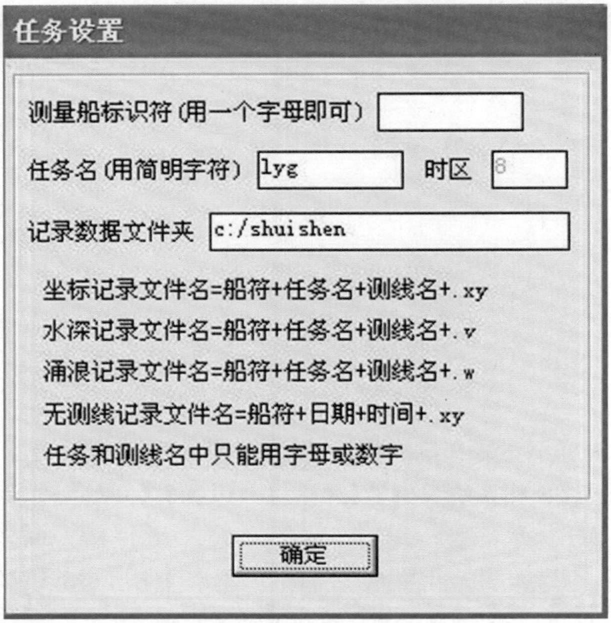

图 4-2　测量任务设置

4.2　坐标系统设置

坐标系统设置主要针对采用的坐标系统、投影、转换参数等进行设置。点击图 4-1 中的【坐标系统设置】,弹出如图 4-3 所示的对话框。

根据需要进行输入设置即可。

需要说明的是,采用无验潮 RTK 测量时,选择布莎七参数。此外验潮测量时采用平移参数或者三参数。三参数这里没有单独列出,就设置在七参数中的前三项即 $D_X D_Y D_Z$,其余各项清空。

进行设置时,可以调入上次或者以前的测区信息,前提是以前保存好的。每次打开的都是最后一次设置的参数。如需要进行编辑,则需要先点击图 4-3 中的【新建测区】,弹出图 4-4 所示对话框。

单击【取消】退回到图 4-3 所示界面,就可以进行编辑了。同时可以使用投影设置、四参数计算、坐标试算等功能,根据工程需要进行设置。设置完成后点击【确定】,完成坐标系统设置 。

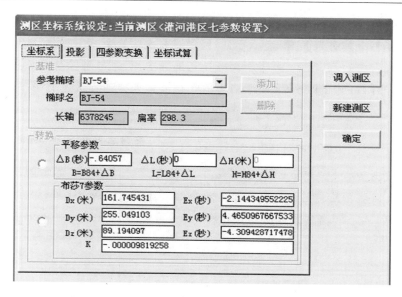

图 4-3　坐标系统设置对话框

图 4-4　编辑参数对话框

4.3 测量参数设置

点击图 4-1 中的【测量参数设置】,弹出图 4-5 所示对话框。

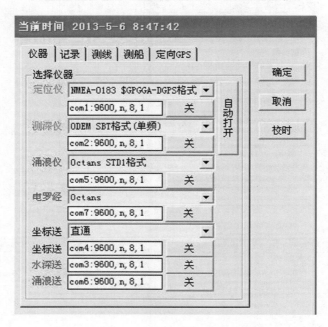

图 4-5 测量参数设置对话框

(1) 仪器

①【定位仪】:里面有多种数据格式可供选择。平面定位一般主要是信标和
RTK 两种模式,如图 4-6 所示。

图 4-6 选择定位仪对话框

选择完成后,点击右边【关】变成【开】,定位数据就已经打开传送到计算机

中,在海洋测量界面上就应该显示坐标数据和一些基本的 GPS 数据,如图 4-7
所示。

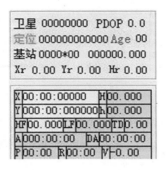

图 4-7 定位数据显示图

②【测深仪】:如图 4-8 所示,选择测深仪的型号,点击右边【关】变成【开】,
测深数据就已经打开传送到计算机中。图 4-7 中 HF 显示有水深数据。LF 是
低频数据,如果是双频测深仪并且打开低频数据时,也同样会显示。

图 4-8 选择测深仪对话框

③【涌浪仪数据格式】:如图 4-9 所示,选择涌浪仪的数据型号,点击右边
【关】变成【开】,涌浪数据就已经打开传送到计算机中。图 4-7 中 P、R、V 就显示
有涌浪三维数据。

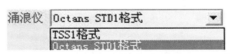

图 4-9 选择涌浪仪对话框

④【电罗经】:如果有电罗经的话,选择对应的电罗经的型号。

⑤【坐标送】:这个功能主要是将接收(坐标、水深,涌浪)的原始数据通过
com 传送到指定的计算机。例如甲方、乙方、监理几方共同见证测量,数据各自
独立采集等,如图 4-10 所示。

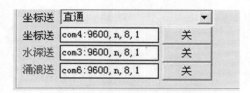

图 4-10　坐标送对话框

（2）记录

点击图 4-5【记录】按钮，弹出图 4-11 所示对话框。

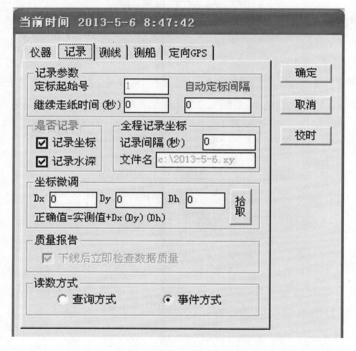

图 4-11　记录对话框

①【定标起始号】：就是在测量软件开始记录时的第一个标号，一般为 1。

②【自动定标间隔】：软件在正常记录时定标线间隔所对应的时间，取决于测深仪的走纸速度。

③【继续走纸时间】：就是在软件结束一条测线时测深纸没有立刻停止走纸，而是持续再走多久的时间设置。主要是区分测深纸中测线与测线的间隔，便于后处理能快速找到该条线对应的水深断面。

④【是否记录】:正常测量时,记录数据和记录水深前面的勾都要勾上,否则就会没有数据。不需要记录水深或者坐标时,可以取消。

⑤【全程记录坐标】:对于水深后处理中多潮站潮位改正,需要知道船任意时刻的位置。这个功能主要是记录从测量开始一直到测量结束船的运动轨迹。记录间隔"0",标示目前状态不记录;其余是记录的时间间隔。例如输入"1",表示每秒记录一个定位数据。文件名是记录的文件储存路径和文件名称,默认文件名是当时日期。

⑥【坐标微调】:顾名思义即对坐标进行调整。可以直接输入改正值,也可以在 CAD 图中选取实测点和正确点进行调整。

⑦【质量报告】:一条测线完成以后,会对这条线的数据(定位数据)有个报告。

（3）测线

点击图 4-5【测线】按钮,弹出图 4-12 所示对话框。

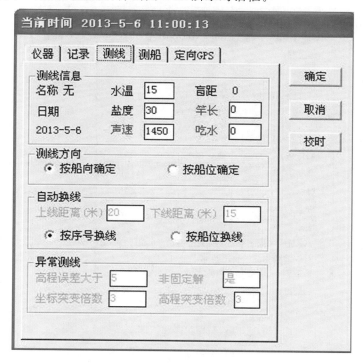

图 4-12　测线对话框

①【水温】、【盐度】:一般不需要调整。

②【竿长】:GPS 仪器中心相位到测深仪换能器的长度,无验潮测量时一定

要输入准确,验潮测量时由于用不到 GPS 高程,可以不用输入。

③【声速】、【吃水】:这两个要素对水深测量来说至关重要,声速通过声速仪和比对板共同测定,吃水利用钢卷尺直接量出。需要指出的是,这里面输入的声速、吃水数值正确与否,对于测量数据没有任何影响,输入的目的在于后处理时,如果发现测深仪的声速或者吃水有问题,可以进行批量改正。

④【测线方向】:主要有两种方式按船向确定和按船位确定。

⑤【校时】:点击校时,主要是将计算机的系统时间和 GPS 时间统一。本软件采集的原始数据时间都是以数据进入采集计算机的时刻为准。

⑥【异常测线】:按要求设置。

(4) 测船

点击图 4-5【测船】按钮,按图 4-13 对话框设置,点击【确定】即可。

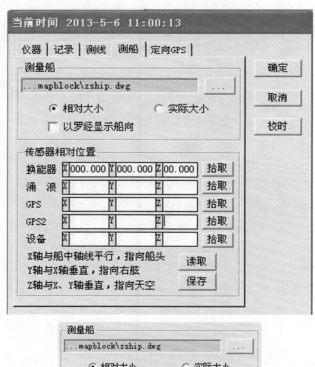

图 4-13 测船设置

（5）开始和退出海洋测量

点击【开始海洋测量按钮】，进入界面如图 4-14 所示。点击【退出海洋测量按钮】，退出外业测量。

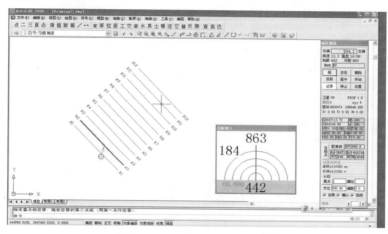

图 4-14　开始海洋测量界面图

第 5 章

精密导航测量内业处理系统

HyProgress CAD 内业处理系统,是对 HySurvey CAD 外业测量系统采集的原始水深数据进行内业处理:潮位改正、声速改正、动吃水改正、涌浪改正等,最终才形成用户需要的地形图。

5.1　数据验证与准备

5.1.1　数据验证

验证数据其实就是数据处理前及处理过程中需特别注意并检查的数据,这些数据如处理不好会对成图带来直接的质量问题。主要包括:

① 换能器、GPS 的安装位置(针对免验潮方式水深测量,验潮方式不考虑)及定位延时。

② 潮位数据(针对验潮水深测量)。

③ 涌浪补偿仪数据(如安装涌浪补偿,外业采用涌浪仪数据与其他数据分开保存,内业批改正的方式,处理时需检查仪器数据质量)。

④ 原始定位数据内容:GPS 坐标位置数据类型主要是坐标系、投影等。验证是否有坐标异常,有异常的话有进行原始坐标处理,免验潮方式测量时要验证高程是否有异常。

⑤ 原始水深数据内容:是否双频水深,是的话要分离原始水深数据;是否有假水深文件夹,有的话需修正,在处理过程中很直观发现并进行修正。

5.1.2　数据准备

为了便于水深后处理,应按照项目测量时间及委托单位建立文件夹(…/

20120625－徐圩港池验收测量－30 万吨级航道指挥部/)，并在文件夹下建立几个子文件夹，如图 5-1 所示。

图 5-1　子文件夹建立

（1）原始水深

此文件夹包含外业测量时采集的原始数据文件，包括定位文件（＊.xy）、原始水深文件（＊.v)以及涌浪补偿仪文件（＊.w)，都是文本文件。如采集高低频测量文件，可以通过双频分离水深文件，在原始水深下再建立高频水深数据、低频水深数据两文件用来存储分离后的水深数据；

① 定位文件（＊.xy)数据格式：

文件头：测线名，时间(年月日)，水温，盐度，声速，盲距，杆长，吃水

数据段：时间(时分秒)，x,y,天线正高，B(度度分分秒秒.秒秒秒秒)，L(度度分分秒秒.秒秒秒秒)，大地高，GPS 定位质量("1"代表单点定位，"2"代表差分解)，HDOP 水平精度因子，卫星数量，差分数据龄期，差分台标识

注：x,y 为投影后坐标，B,L 采集的为 WGS-84 大地坐标

"YLHD－620"，♯2012－05－29♯，15,30,1522,0,2.88,1.06，

85157.387,3848142.583,449643.756,6.388,0344535.64619,1192702.72623,9.840,2，

1,8,2,620

85158.389,3848143.475,449642.748,6.522,0344535.67496,1192702.68641,9.974,2，

1,8,3,620

85159.390,3848144.189,449641.698,6.612,0344535.69794,1192702.64497,10.064，

2,1,8,3,620

85200.382,3848144.675,449640.577,6.428,0344535.71351,1192702.60079,9.879,2，

1,8,2,620

② 水深文件（＊.v)数据格式：

文件头：测线名，时间(年月日)，水温，盐度，声速，盲距，杆长，吃水，

数据段：时间(时分秒)，水深

"YLHD－620"，♯2012－05－29♯，15,30,1522,0,2.88,1.06，

85157.147,3.42

85157.347,3.42

85157.537,3.43

85157.768,10000　"10000"为定标标识

注:如是双频测深仪水深数据,时间后面会有两个水深数据:时间,高频水深,低频水深

③ 涌浪仪补偿文件(＊.w)数据格式:

文件头:测线名,时间(年月日),水温,盐度,声速,盲距,杆长,吃水

数据段:时间(时分秒),起伏(Heave)单位:米,纵摇(Pitch)单位:度,横摇(Roll)单位:度

"YLHD－620",♯2012－05－29♯,15,30,1522,0,2.88,1.06

133657.765,.04,.83,1.62

133657.828,－.02,－.4,1.47

133658.031,－.08,－1.46,1.09

133658.234,－.14,－2.24,.54

（2）处理后水深

　　此文件夹用于存储经过原始坐标(如有异常)和原始水深处理后的数据文件,包括处理后定位文件和水深数据文件。处理后的水深数据文件可分为验潮方式(＊.vd)和免验潮方式(＊.vk)两种数据格式,处理后的坐标文件为一种格式(＊.xyd)。

① 定位文件(＊.xyd)格式:

文件头:测线名,时间(年月日)

数据段:时间(时分秒),x,y,天线高

"25tHD－0",♯2012－11－26♯

100833.828,3832793.257,463181.847,10.055

100834.829,3832794.003,463178.361,10.025

100835.831,3832794.837,463174.889,9.997

② 水深文件(＊.vd)数据格式:

文件头:测线名,时间(年月日)

数据段:时间(时分秒),水深,定标标识

"25tHD－0",♯2012－11－26♯

100835.240,－20.13

100836.226,－20.12

100837.702,－20.10,10000

100837.884,－20.06

③ 水深文件(＊.vk)数据格式:

"0404aXW5－1750",♯2013－04－04♯

160839.983,—1.56

160843.324,—1.48

160846.636,—1.5

160850.517,—1.52

（3）成图

此文件夹主要是存放原始水深断面图、处理后水深断面图、断面取样图、草图（未编辑、未加图幅等信息）。

（4）成果提交

此文件夹包括按照规范及业主要求，标有完整信息的最终成图。

（5）项目资料

此文件夹包括与此项目有关的如底图、外业测量航迹图以及文字资料等相关资料。

5.1.3 数据处理流程

内业处理包括验潮方式和免验潮方式数据内业处理。验潮方式处理流程如图 5-2 所示。

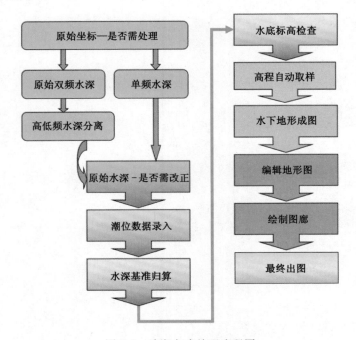

图 5-2 验潮方式处理流程图

注:在对免验潮方式处理时,潮位数据录入可以省略。如果为了验证免验潮方式的可靠性,可以按照验潮和免验潮两种方式分别进行【水深基准归算】,最终结果进行比较。

5.2   命令详解

数据准备工作完成后,下面结合软件,开始展开命令的详细介绍。打开已经加载软件的 AutoCAD,通过点击软件主菜单栏【海测】的下拉菜单【海洋测量后处理…】(图 5-3),跳出工具条(图 5-4),通过此工具条就可以开展原始水深的后处理工作。

图 5-3   海测菜单图   图 5-4   海洋测量后处理菜单图

5.2.1 【原始坐标处理】

点击【原始坐标处理】按钮,弹出界面如图 5-5 所示。

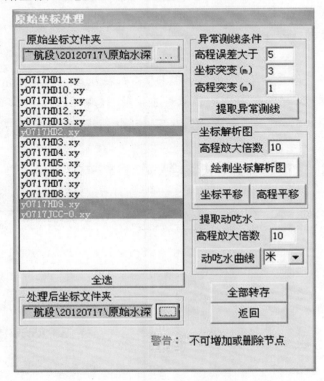

图 5-5　原始坐标处理菜单图

【原始坐标文件夹】,就是选择原始水深文件夹,在文本框里会自动显示原始坐标文件。

①【异常测线条件】:

【高程误差大于】:测线高程误差阈值。

【坐标突变】:航迹点坐标突变距离阈值。

【高程突变】:GPS 高程突变阈值。

【提取异常测线】:通过点击此按钮,来确认是否有异常的线,如果发现有异常测线,应设置好处理后坐标文件夹路径,以便保存处理后坐标文件。

②【坐标解析图】:

【高程放大倍数】:GPS 高程放大倍数。

【绘制坐标解析图】：通过点击此按钮，在 CAD 中绘制坐标图。

【坐标平移】：通过坐标平移来修正异常坐标。

【高程平移】：通过高程平移来修正高程异常。

③【提取动吃水】：对外业测量数据进行提取动吃水，后处理时，根据动吃水进行数据改正。

【高程放大倍数】：动吃水曲线高程放大倍数。

【动吃水曲线】：动吃水曲线单位。

【全部转存】：点击此按钮即把所有改正后的坐标进行保存到处理后坐标文件夹里。

5.2.2 【双频水深分离】

如果外业同时采集高低频水深数据，点击【双频水深分离】会弹出界面如图 5-6 所示。

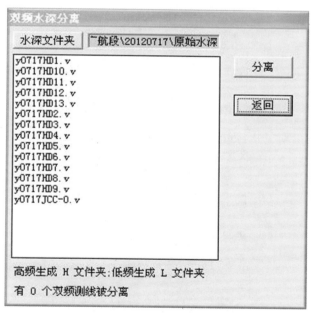

图 5-6　双频水深分离菜单图

【水深文件夹】：通过点击此按钮，选择水深文件路径，水深文件会全部显示在文本框中。

【分离】：通过点击此按钮，可以在水深文件夹内自动生成高频水深文件

"H"和低频文件"L",原始高低频水深批量分离并分别保存在上述两文件夹内。

【返回】：返回到水深后处理工具条。

5.2.3 【原始水深处理】

超声波测量水深与电磁波测量介质不同，水中情况复杂，气泡、漩涡、底质、动植物等都会影响测量结果，"假水深"不可避免。对于目前普遍使用的数字化水深测量系统，需要剔除水深粗差，对于每一条测线，比较模拟记录断面和数字记录断面的一致性，特别注意水下地形比较特殊，回波信号比较复杂的区段，出现矛盾时，以模拟信号为准，直接在记录纸上量取水深；对于定标点应逐个比较模拟和量化水深，通过人机交互方式，剔除水深粗差。处理完成后的水深文件检查无误后作为资料保存。

点击【原始水深处理】按钮，弹出界面如图5-7所示。

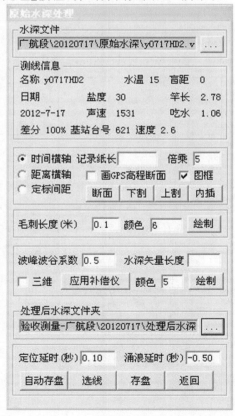

图 5-7 原始水深处理菜单图

本命令就是把上述所介绍的假水深彻底消灭。这一步最关键,先把没有坐标异常的原始水深文件,如是双频水深需分离后的水深应该分别选择"H""L"文件夹,在文件夹内可以单选或多选水深文件,如选择了多个文件会出现"选了多个文件"信息,调入后,点"断面"按钮,水深断面就会绘制在 AutoCAD 上了,有假水深就可以发现并处理掉,然后把处理后的断面线转成水深文件保存,供下一步使用。

(1) 水深文件

在原始水深文件夹内单个或者批量选取水深数据。

处理后水深文件夹:选择处理后水深(已建)文件夹。

上述两个路径选好后,开始根据需求设置相关参数

(2) 测线信息

显示外业测量时测线的相关信息,当选择多个水深文件后,此处没有测线信息,只有绘制好各个测线的水深断面,选择某个水深断面时,此处显示此水深断面的测线信息。

【名称】:外业测量时测线名称。

【水温】:测量时的水温。

【盲距】:人为外业设定的用来消除由水下噪音和干扰信号引起的假水深的一定深度范围。在这里默认"0"。

【日期】:测量日期。

【盐度】:测区海水盐度。

【杆长】:GPS 天线到测深仪换能器发射面(探头)的长度。

【声速】:测量时测深仪设置声波在水中的传播速度。

【吃水】:从水面到测深仪换能器发射面(探头)的距离。

【差分】:整条测线数据差分百分比。

【基站台号】:基准站标识,如果是 RBN-GPS 测量,基站台号是沿海信标基准站的台号,如果是 RTK-GPS 测量,基站台号是基准站天线序列号后 4 位,在 GPS 天线上可以查到。

【速度】:测量船的平均速度。

(3) 绘制断面横轴设置及编辑水深断面

【时间横轴】:按照时间作为横轴、水深作为纵轴绘制水深断面图。

【距离横轴】:按照测线距离作为横轴、水深作为纵轴绘制水深断面图。

【定标间距】:按照定标的间距。

【记录纸长】：只有在选定选项【距离横轴】绘制断面图时，设置此参数有效。记录纸长即模拟记录纸的长度，如设置此参数，可以根据纸长及距离横轴关系，直接按照距离在测深纸上量取某距离的水深。

【倍乘】：纵轴比例系数。

画 GPS 高程断面：如果采用免验潮测量时，建议选此选项，这样可以把 GPS 高程绘制出来，如图 5-8 所示。

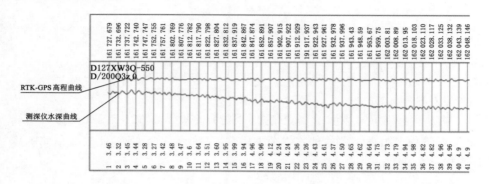

图 5-8　GPS 高程断面图

【图框】：绘制水深断面图图框。

通过下面按钮可以绘制和编辑水深断面图：

【断面】：点击此按钮后，绘制水深断面图，如图 5-9 所示。

【下割】：点击此按钮后，通过鼠标点击两点跨越往下延伸的毛刺，来切割此毛刺。

【上割】：点击此按钮后，通过鼠标点击两点跨越往上延伸的毛刺，来切割此毛刺，图 5-9 中的毛刺很明显，需上割。

【内插】：点击此按钮后，鼠标点水深断面线上某点，在此处进行内插水深点，如图 5-9 所示。

（4）移除水深断面线上的毛刺

【毛刺长度】：某点水深与相邻点水深差值大于设定阀值认为是毛刺，需绘制移除毛刺后的水深断面线，阀值为毛刺长度，单位为米。

【颜色】：去除毛刺后重新生成水深断面线的颜色，使用颜色索引值进行设置。

（5）波浪平滑设置

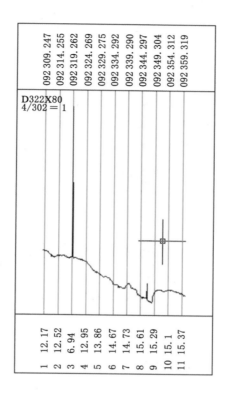

图 5-9　内插水深点图

【波峰波谷系数】：在波峰和波谷之间插值作为平滑的水深,此系数为波峰到波谷的插值比例。此系数在参考相关规范的前提下,还要结合自身使用船只的测量平滑效果进行设置。

【水深矢量长度】：各水深点矢量长度之和。

【三维】：选择此参数,且点击【应用补偿仪】是指使用姿态仪数据进行波浪平滑计算。

【颜色】：绘制成波浪平滑后的水深断面颜色,使用颜色索引值进行设置。

（6）时间延时设置

水深测量过程中,原始测量数据来自不同的传感器,通过时间观测值把位置、涌浪和水深数据进行耦合,从而解决同步问题。如果坐标测量的延迟值太大,就会使水底特征点位置产生偏差,具体表现在航道水深测量中,会使航道坡脚位置呈现"锯齿"状。如果涌浪仪的延迟较大就会出现波浪与测深相匹配的波峰波谷产生错位现象,从而使波浪补偿出现问题,有必要对水深测量系统进行延迟校正,不同的 GPS＋测深仪组＋测深仪有不同的延迟值,需分别测定校正。

时间延时主要是在最后把改正后的水深存盘的时候进行改正,【自动存盘】就是把所有改正后的水深断面数据自动存到设定的文件夹内,【选线】指选定某一水深断面线,这时可以编辑、保存此水深断面数据,【存盘】指存储指定的水深断面数据,【返回】指返回到水深后处理工具条。

①【定位延时】:由于坐标和水深来自不同的设备,而设备的输出延迟不一样,造成定位和测深不同步。本系统用精密时钟记录的每个原始坐标和水深数据,都有采集瞬间的时间,外业测试出延时时间阀值,作为此参数,经过同步改正后就可达到同步。定位延时方法,选一个有特征地形的海域(航道坡脚),在同一测线上往返测量多次,就可算出延迟(秒)。在【水深基准归算】中输入延迟值,就可消除同步误差,使往返测量的特征点均在同一位置。

②【涌浪延时】:涌浪仪与测深仪时间的延时阀值,经过涌浪延时改正时,可避免波峰波谷错误现象,达到最优的涌浪补偿。

注意:断面图在 CAD 中的坐标位置与原始记录数据有严密对应关系,绝对不能用 CAD 的 MOVE 命令移动断面图。

(7) 返回

返回到水深后处理工具条。

5.2.4 【批量水深改正】

如果出现参数设置错误、声速错误、静吃水错误,或者为了精密测量水深,后处理需根据船速实时改正动吃水,此命令可以批量改正上述错误,如图 5-10所示。

①【新的声速】、【新的静吃水】:内业处理时,重新设置的与外业不同的声速、吃水

②【动吃水文件】:按照速度与吃水组成的吃水文件。动吃水改正文件(＊.dcs),由用户手工编辑而成。

格式:

1:测船信息(船名、船主等)

2:速度(米/秒),动吃水(厘米)

3:。

图 5-10　批量水深改正菜单图

例如：

云测 1 号,海运公司

2,3

3,5

4,8

③ 水深综合改正文件:当测区水深垂线上的声速不是常数时,各个深度的改正数不同,必须使用水深改正文件进行水深改正(∗.dv),有两种格式。系统能自动识别。

格式 1(用检查板比对):

1:测区信息(不可省略)

2:正确水深 1,仪器读数 1

3:正确水深 2,仪器读数 2

4:

N:

按浅到深顺序排列

例如：

连云港测区

2,2.01

4,4.02

6,6.04

8,8.06

10,10.08

12,12.08

14,14.10

格式 2(用声速仪测量):

1:测区信息(不可省略)

2:正确水深 1,声速 1(米/秒)

3:正确水深 2,声速 2(米/秒)

4:

N:

按浅到深顺序排列

例如:

连云港测区

2,1450

4,1448

6,1445

8,1450

10,1454

12,1460

14,1465

④【改正】:根据上述参数进行水深批量改正。

⑤【返回】:返回到水深后处理工具条。

5.2.5 【潮位快速输入】

点击【潮位快速输入】按钮,出现如图 5-11 所示的界面。潮位快速输入的目的就是能够快速准确地录入时间、潮高及相关潮位站位置信息,每条记录的数据格式:时分,潮位(米)。例如:1020,3.56 即 10 点 20 分的潮位是 3.56 米。潮位文件的末尾不能有空行。

如果同时使用两站及以上验潮站验潮数据时,必须要有潮位站位置信息,这样根据位置便于潮位分带计算,如果单站验潮可以不录入潮位站信息,格式如下:

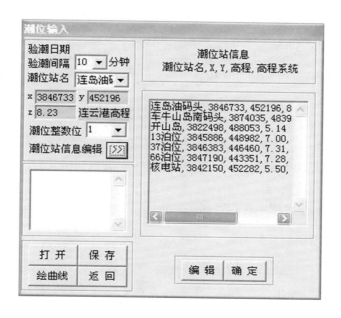

图 5-11　潮位快速输入界面图

识别字符"Wz",北坐标 x,东坐标 y,潮位站名称

　　　　　wz,3846733,452196,8.23,连岛油码头

时间(ttmm),潮高(单位:m)

1425,3.46

1430,3.47

1435,3.49

1440,3.50

　　最后保存为 y(年)-m(月)-d(日).td 格式的文本文件。文件名必须是日期.td,例如 2013 年 5 月 3 日的潮位文件名必须是 2013-5-3.td。

　　①【验潮间隔】:预置 5 分钟、10 分钟、60 分钟三个时间间隔,同时可以填写任意时间。

　　② 潮位站名以及 xyz 信息:通过点击"潮位站信息编辑"右边【》】按钮出现图 5-11 右边界面。

　　【编辑】:点击此按钮,文本框呈现可编辑状态,进行图上格式进行潮位信息的添加及编辑。

　　【确定】:潮位站信息添加、编辑完毕后,点击此按钮,就返回到图 5-11 左图,这样在"潮位站名"右边的下拉框中可选择潮位站。

③【潮位整数位】:主要选择潮高的整数数据位。

所以参数设置好后,在文本框中首行,需手动填写 ttmm、潮高,然后只需敲击回车键,即可自动添加时间及逗号,用户只需添加潮高即可,如果用户输入有误,软件会自动报警。

④【打开】:打开已有的潮位文件,数据显示在文本框中。

⑤【保存】:保存成"y-m-d"格式的后缀自动添加的潮位文件。

⑥【绘曲线】:根据潮位数据在 CAD 下绘制潮位曲线,可以通过潮位曲线检查潮位数据的质量。

⑦【返回】:返回到水深后处理工具条。

5.2.6 【水深基准归算】

在外业测量时是实时测量水深的数据,本功能是解决根据水深数据转换到水底标高的问题,使用专业术语就是把外业测量的水深数据转换到理论基面的水深。

在理论上,所谓理论最低潮面是位置的函数,即不同地点的理论基面也不同。通过验潮站进行连续潮位观测,根据潮汐理论,使用潮汐调和分析等方法,用规范规定的理论基面计算公式即可计算。

点击【水深基准归算】按钮,出现如图 5-12 所示界面。本命令用时差法对水深进行改正,对处理后的水深文件进行潮位改正,是批量快速进行的,生成后缀为.vd 的改正后的水深文件。

(1)【水深文件夹】:选择处理后水深文件夹,处理后的水深数据自动显示到文本框中。

(2)【验潮文件夹】:直接点击【验潮文件夹】,如果是单站验潮,选择潮位数据中的单个潮位数据。

(3)【画曲线】对选中的潮位文件(可多选)进行潮位曲线的绘制,通过曲线图可以判断潮位数据正确性,前面在【潮位快速输入】中也有此功能,但不能进行多个潮位站潮位数据同时绘制。

如果是两站以及以上验潮站验潮方式测量,先点击【多站定义】,出现图 5-13 所示界面,在其界面上选择相应的源潮位文件夹以及复制后潮位文件夹,如为基本验潮站,选择单选框中 ⦿ 复制后标识为基本验潮站 (文件后缀为td) 作为基本验潮站,在【站库】中选择相对应验潮站,点击【设置】跳出图 5-14 所示界面,点击

图 5-12　水深基准归算界面图

【确定】后验潮站信息将添加到复制后文件中,同理第二、三验潮站分别选择后缀 td1、td2,并进行信息添加复制生成第二、三参考站潮位文件。

通过【潮位文件分站复制】将各验潮站的相关信息以及验潮数据分别整理成后缀 td,td1,td2 的文本文件,然后绘制不同时间、不同潮位站曲线,分别在最低、最高潮曲线点,分隔同相潮位,然后再根据【海测】—【潮位曲线等分变换】(图 5-15),等分上述的各段同相潮位,最后再把等分曲线连接起来,通过【潮位处理】(图 5-16),保存各潮位站同相潮位文件。

这时再选择处理后的同相验潮文件夹,会出现图 5-16 界面,选择所要文件,软件会根据时间绘制出多日的处理后的同相潮位曲线图,图 5-17 为 2009-3-16 这天的三个验潮站同相潮位曲线图。

(4)【处理】:主要是对上述两站及以上验潮站验潮,并通过【多站定义】后的潮位文件,且已经显示在文本框中,如图 5-16 所示。

① 点击【处理】按钮,会出现界面,如图 5-18,左边的“3”表示 3 个潮位站,【拾取】是指在 CAD 上选择坐标,【绘制】是指绘制在拾取坐标下的潮位曲线。

②【航迹文件】:指外业测量时测船的航迹坐标文件,【绘制】是通过航迹坐

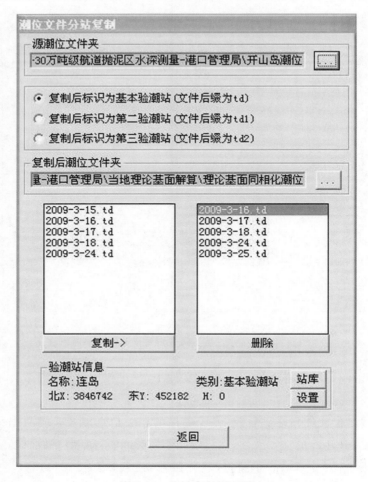

图 5-13　多站定义界面图

图 5-14　设置界面图

标和潮位站坐标关系绘制出按照时间顺序的潮位文件,主要用于多站验潮时多波束测量。

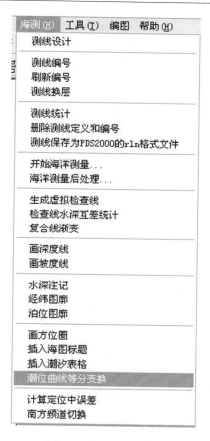

图 5-15　海测界面图

③【保存文件夹】：主要是把上述的潮位曲线保存成潮位文件（前面保存同相潮位数据时，已经介绍）。保存前要设置相关参数：名称：验潮站名称，小数位：指生成的潮高小数位，北坐标 x，东坐标 y 是指保存的潮位站坐标，潮位文件：是指生成的潮位文件名称，如后缀 td1，则"类别："后会自动识别为第一参考站；td2，则"类别："后会自动识别为第二参考站。

④【选存】：指通过鼠标选择潮位曲线，从而根据设置参数生成相对应的潮位文件。

⑤【返回】：返回到水深基准归算界面。

（5）【格式转换】：如图 5-19 所示，主要是将后缀为 *.td 格式的潮位文件转换成 CARIS 使用的 *.tid 格式，另外一个是海洋站数据格式 .hy 转换为 *.td 格式。

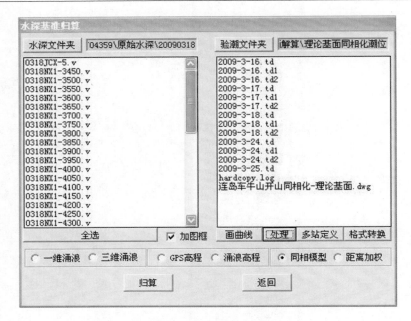

图 5-16 【处理】界面图

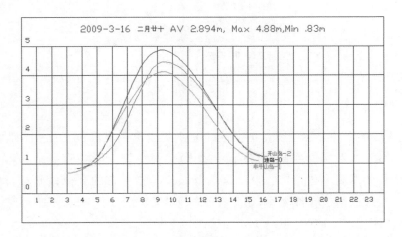

图 5-17 三个验潮站同相潮位曲线图

（6）水深归算参数选项设置：

【一维涌浪】：当归算使用一维涌浪数据（"heave"）时，采用此选项。

【三维涌浪】：当归算使用三维涌浪数据（"Pitch"，" Roll"，"heave"），通过三者转换成起伏数据时，采用此选项。

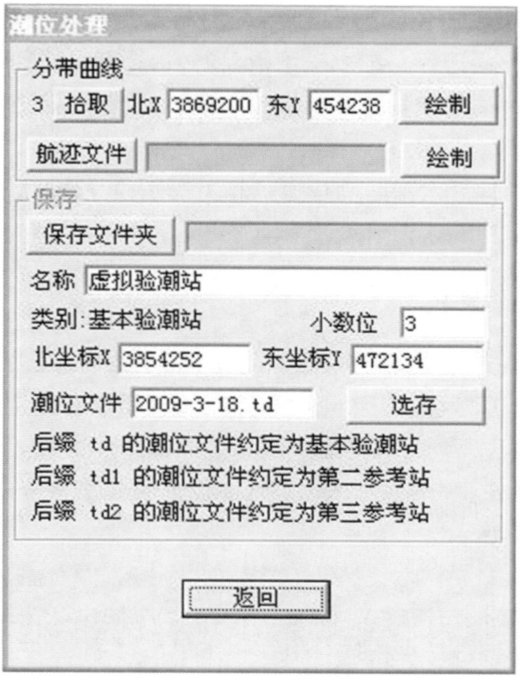

图 5-18　潮位处理界面图

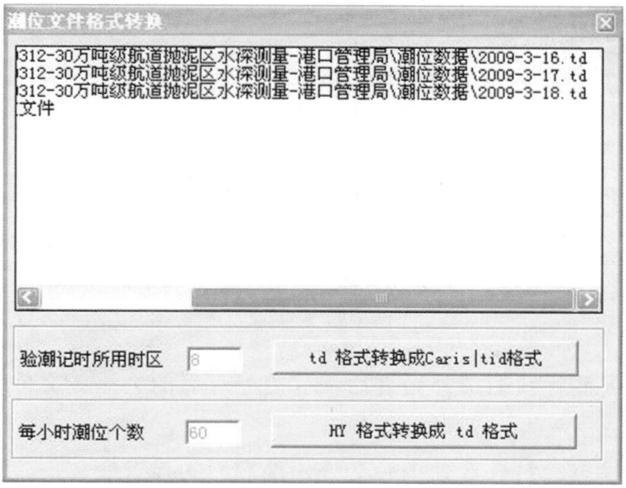

图 5-19　格式转换界面图

【GPS 高程】:当采用免验潮测量时,采用此选项。

【涌浪高程】:前面选择一维或三维涌浪时,选择此选项。

【同相模型 距离加权】:这两种潮位内插运算模型,可参阅《水运工程测量手册》。

(7)【归算】:处理后水深与潮位通过相关改正模型进行改正运算。

(8)【返回】:返回到水深后处理工具条。

5.2.7 【水底标高检查】

在理论上,潮位改正过后的检查线与主测深线相交处的水深应该相等,利用这个原理可以通过测量一定数量的检查线发现错误和评定精度,是水深测量质量控制的重要方法。规范规定检查线和主测深线相交处,图上 1 毫米范围内进行深度比对。在外业全采集基础上,软件快速实现了检查线与主测线水深互差计算。如图 5-20 所示。

图 5-20 水底标高检查界面图

①【选入主测深线】:选择处理后文件内处理后的主测线文件,注意:要选主测线文件

②【选入检查线】:选择处理后文件内处理后的检查线文件,注意:要选检查线文件

③【移出】:上图左边的是指移出非主测线文件,右边是移出非检查线文件

④ ▢ 交点位置定标 ：主要是当检查线为虚拟定标线时，为了生成美观的图，才使用此功能，下面来介绍定点定标的原理及软件使用方法。

在原有设计图上绘制定点取样线，定点取样线之间的距离按照规范要求设定，并要求绘制经过与泊位、港池、航道等的中线、坡脚、变坡节点以及用户指定的特征取样线。所有绘制的定点取样线通过如图 5-21，【海测】—【生成虚拟检查线】自动生成定点取样线文件。

潮位改正后的每个测深线文件分成定位及水深两个文件，其中水深文件是连续采集的水深点（一般每秒采集 10～20 个），间距小，只需求出测深线与取样线的交点，通过交点的位置以及定位文件计算交点时间，通过交点时间在水深文件中计算水深，把生成后的交点水深数据按照时间顺序保存到潮位改正后水深文件中；通过定点取样文件生成取样断面图（在绘制断面图时把【取样距离】设置为"0"即可，水深自动取样命令会再作介绍），通过高程点文件展点最终成图。

⑤ 抽稀点距 ▢ 0 ：主要是在主测线与检查线文件较多，计算交点速度慢时采取此功能，一般不使用。

⑥【生成检查图】：根据主测深线与检查线文件生成：主测深线航迹线、检查线航迹线、交点，同时可以根据高程注记把交点的高程（两线同位置点高程之差）注记出来。

⑦【返回】：返回到水深后处理工具条。

5.2.8　【高程自动取样】

在一条测线上，水深点密集，绘制水深图时必须进行取样，可使用定点取样方法，取样间隔应按规范要求执行，取样线可以平移、复制和删除，一条取样线对应水深图上一个水深点，操作过程中，调整取样线，使航道坡脚等特征点被取样，反映在水深图上。由计算机软件计算每个取样点的坐标和水深，形成水深图。

点击【高程自动取样】后界面如图 5-22 所示。

①【改正后水深文件夹】：点击此按钮选择改正后水深文件夹内任意水深文件，文本框会显示此文件夹全部改正后水深文件。

②【断面图规格】：

【高程放大倍数】：纵轴（水深）放大倍数。

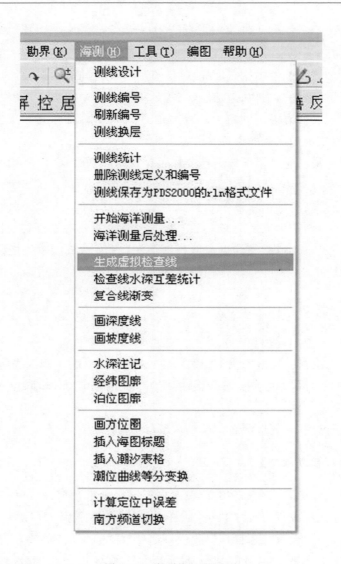

图 5-21　海测按钮界面图

【取样距离】：取样点之间距离。注意：当软件采用定点取样时此处设置为
"0"，【水底标高检查】命令中已详细介绍。

【断面高度】：绘制取样后水深断面的高度。

【零线位置】：从断面上端线到零线的距离。

【断面间隔】：水深断面图上下之间的间距。

图 5-22　高程自动取样界面图

③【绘制断面取样图】：通过点击此命令可以批量自动按上述断面图规格绘图，如图 5-23 所示。

④【地形点类型】：

【验潮水深】：如果是验潮方式测量的水深，选此选项。

【无验潮水深】：如果是免验潮方式测量的水深，选此选项。

【生成地形点文件】：通过此按钮在改正后水深文件夹下自动生成地形点文件（＊.xyh）。

免验潮与验潮方式生成的取样点文件区别：如验潮取样文件名：YLHD-620.xyh，免验潮取样文件名 RTK-YLHD－620.xyh。

三维坐标文件格式：

点号，北坐标，东坐标，高程，注释

例如：

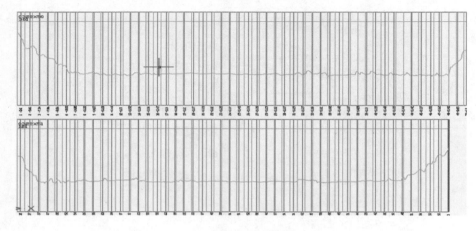

图 5-23　断面图样图

100，－79.2077，47.6345，3.67，T

200，－86.3117，12.758，4.78，F

300，－84.0917，－25.0065，5.45，K

400，－73.8797，－49.6644，4.78，"dd"

500，－54.7877，－65.2145，5.78

600，－59.2277，56.9646，13.67

⑤【返回】:返回到水深后处理工具条。

5.2.9 【水下地形成图】

此命令主要是根据自动取样后文件(＊.xyh)生成水深图,如图 5-24 所示,由于软件还包括另一个更加方便、快捷生成水深图的命令,即在 CAD 命令行键入"zd",即可出现如图 5-25 所示多功能展点界面,【水下地形成图】这个命令用户可以不用。这里就不作介绍,主要介绍多功能展点的这个命令。

①【坐标文件格式】:文件格式预置了 MAP2000,Cass,Hypack,Topcon,Caris xyz,Caris Blh 格式。

MAP2000 格式:点号,X(北),Y(东),H(高程),〈注释〉。

CASS 格式:点号,代码,Y(东),X(北), H(高程)。

其他格式在软件下拉列表中可以查到,就不作介绍。

②【展点设置】:可以同时展点、点号、高程注记、加属性、注释、连线。注记形式:海图水深注记,水深注记,高程注记;注记格式:可以注记 MAP2000、CASS、文本等高程格式;比例尺:设置比例尺;小数位:注记高程的小数位。

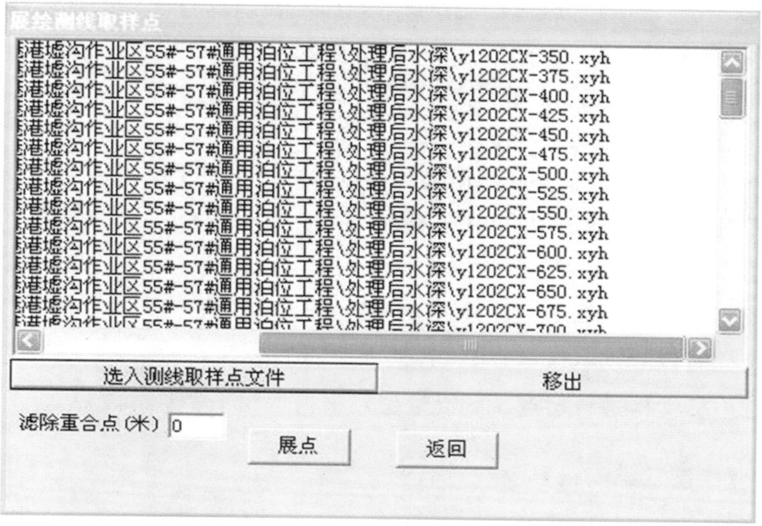

图 5-24　水下地形成图界面图

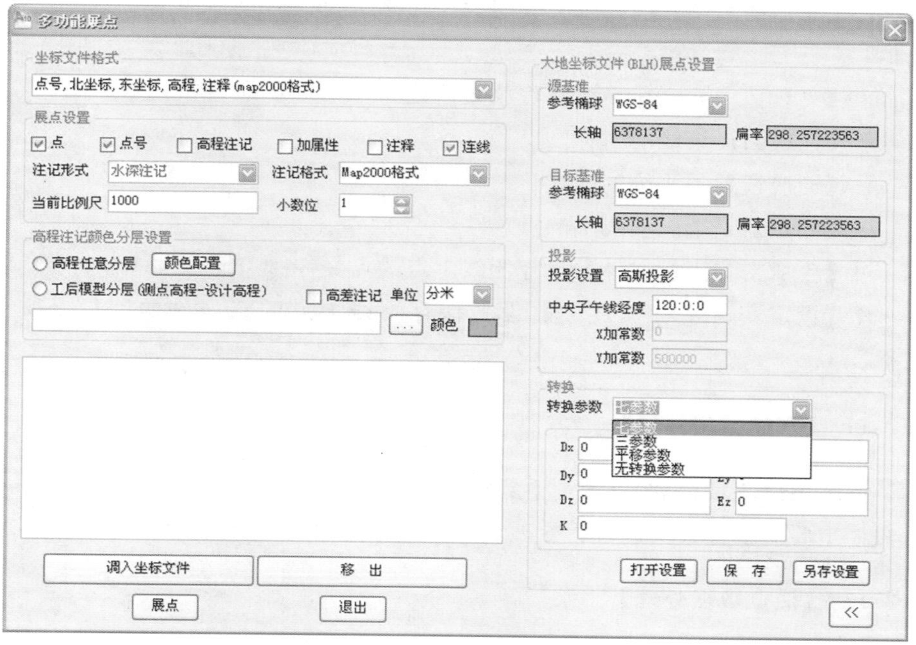

图 5-25　多功能展点界面

③【高程注记颜色分层设置】:可以根据设置进行高程颜色分层。高程任意分层:根据设置高程最大、小值以及颜色条带数或者颜色步距进行分层。

④【工后模型分层】:根据设计高程模型(设计三角网文件),进行颜色分层(把疏浚未达到设计要求的水深分层)。

高差注记:是否把和设计模型的高差注记到图上。

⑤【调入坐标文件】:调入测线文件。

⑥【移出】:把测线移出。

⑦【大地坐标文件(BLH)展点设置】:主要是根据外业采集的 BLH 文件,根据源基准、目标基准、投影设置、转换参数进行图上展点,主要是针对多波束海量大地坐标文件进行展点。此设置可以根据按钮 《 隐藏。

5.2.10 【绘制三维测线】

此命令主要是根据处理后的测线,生成三维测线,这样通过三维视图,进行水深异常点的检查,界面如图 5-26 所示。

①【底标高】:设置该区域测线的设计底标高,或者自定义底标高(比测线标高低)。

②【高程放大】:底标高的高程放大倍数。

③【注线】:注记线的名称。

④【绘底线】:是否绘制底线。

⑤【画点】:是否画测线上的点。

⑥【生成密集坐标文件】:保存测线上点的点文件。

⑦【设定密集坐标文件夹】:设置保存测线上点的点文件的路径及文件名称。

5.2.11 【水砣数据处理】

港区泊位测量、单波束测量不到泊位前沿,需要在泊位前沿进行水砣测量,此命令主要对水砣数据进行后处理成图。其界面如图 5-27 所示。

5.2.12 【泊位数据处理】

现在泊位出图主要采用栅格方法进行处理,此命令一般不用。其界面如图 5-28 所示。

图 5-26　绘制三维测线界面图

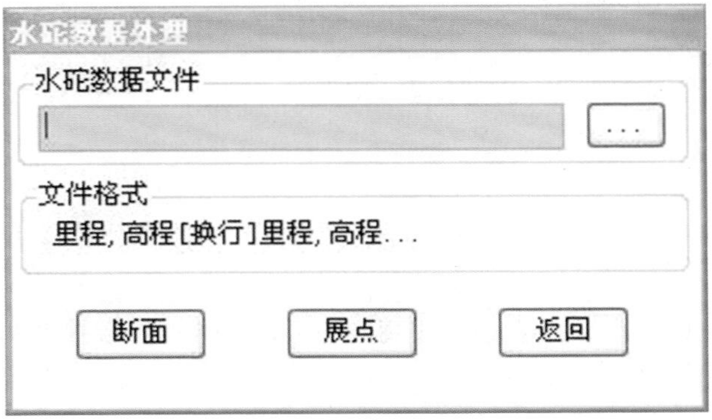

图 5-27　水砣数据处理界面图

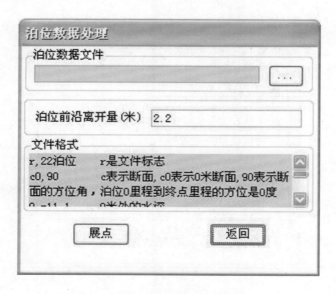

图 5-28　泊位数据处理界面图

5.3　编辑水深图

软件预置了大量的水深编辑功能，现介绍比较有代表性的功能。

① 水深数据编组功能，由于水深数据分为米和分米位，软件把这两部分定义成组，按快捷键"F8"，实现编组可选/编组不可选，这样编辑水深时轻松快捷。

② 删除一个层上的对象，通过这个命令，可以快速地删除一个层上的所有对象。

③【编图】中预置了大量的编辑功能，如图 5-29 所示。

④【工具】也含有大量的编辑功能，如图形转换、生成点文件等，如图 5-30 所示。

⑤ 绘制图廓。图廓分为经纬图廓、一般工程图廓。在【工具】菜单中，先画图幅线，再给图幅线上信息（即图名、测绘单位等等），就可以【绘出图廓】了。如果有多幅图，则应该先把图幅线画好，每幅图的信息填好，在【绘出图廓】时就能同时绘出左上角的接图表。

图 5-29　编图按钮界面图

图 5-30　工具按钮界面图

第 6 章

疏浚土石方精密计算系统

6.1　土石方计算原理

6.1.1　模型法土方计算

　　Tin(triangulated irregular network)，即不规则三角网，我们知道三点决定一个空间面，而互相邻接又不重叠的空间三角形集，就可以表示地形起伏，三角形越小，表示的地形就越精确。进行地形测量的时候，测点越密，测量的地形就越准确。

　　图 6-1 内的点是用航空激光扫描（LIDAR）的方法获得的。工程上通常使用全站仪、GPS、回声测深仪等设备进行测量，总之，地形点是可以通过测量手段获得的。

　　根据图 6-1 可以自动构建 Tin，如图 6-2 所示。

　　根据不规则离散点集构建 Tin，在很多领域都有应用，这是计算几何的基本问题之一。如有兴趣研究，用关键字"三角剖分"去百度搜索，可以看到相关资料。

　　图 6-2 看不到第三维，换个视角并渲染一下就更清楚了，如图 6-3、图 6-4所示。

　　如果想知道在标高 10 米以上有多少土石方，瞬间就算出来了。如果开挖面不是一个平面，就要根据设计蓝图，同样方法构建一个 Tin 表示设计地形。我们把自然地形叫作工前模型，把根据设计参数构建的模型叫工后模型或设计模型。有了这两个模型，计算土方就可以完全交给计算机进行。HyTin 系统没

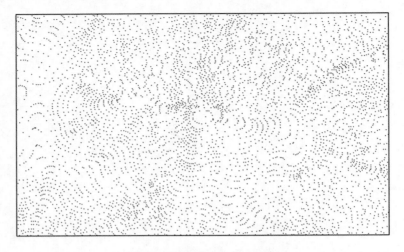

图 6-1　航空激光扫描点云图

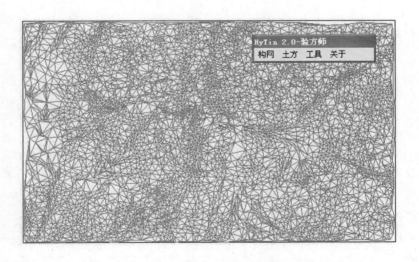

图 6-2　不规则三角网图

有边坡的概念,任意区域的土方都是一个算法,如果想知道边坡方量,画一根包含边坡的范围线就行了,非常简单。图 6-5 和图 6-6 分别为开挖平面图、任意开挖图。

　　由此可知,模型法就是人们想象当中最理想的计算土方的方法,其准确度只与原始测量点的密度有关,是最准确的计算方法,可以覆盖其他计算方法。模型法土方计算实际上就是 Tin 的运算,所以高档次的土方软件不是很容易就

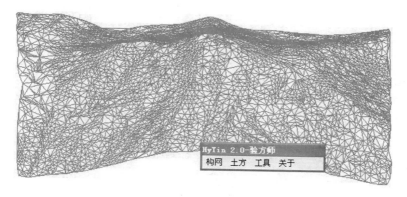

图 6-3　不规则三角网立体图

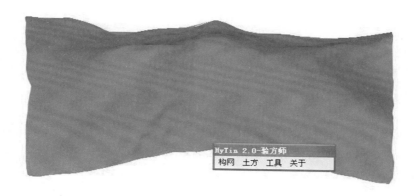

图 6-4　不规则三角网渲染图

图 6-5　开挖平面图

图 6-6　任意开挖图

能写出来的,需要深入研究 Tin 的算法,HyTin 提供了估算和精算两个功能。

6.1.2　断面法土方计算

断面面积法土方计算,简称断面法,虽然在数学上不太严密,但计算结果直观,断面间距越小,计算准确度越高,非常适合一些线型工程,例如道路、航道的土方计算。断面法是疏浚土方计算规范中规定的主要计算方法。计算模型非常简单,相邻两个断面的挖面积平均,乘断面间距就是挖方;相邻两个断面的填面积平均,乘断面间距就是填方,所有断面累计得出总挖方和填方,如图 6-7 所示。

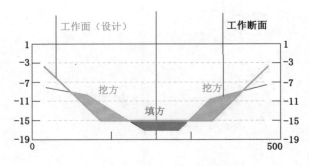

图 6-7　断面法土方计算示意图

HyTin 使用断面法计算土方的步骤是：

① 排计划断面线；

② 准备 Tin 模型（根据地形图自动生成）；

③ 生成断面数据文件（也是自动的）；

④ 计算土方，同时输出某一个断面图或一页断面图，分别如图 6-8、图 6-9 所示。

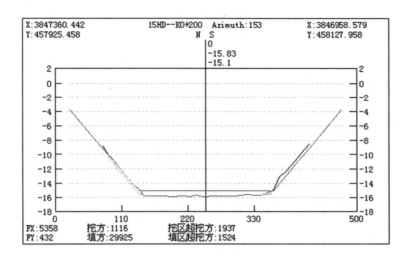

图 6-8　一个断面示意图

HyTin 能进行断面分区计算，默认分成 4 个区：左边坡、左槽、右槽、右边坡，还能根据需要任意分区。例如，计算航道中线左右各 50 米范围内的土方，输出的断面如图 6-10 所示。

6.1.3　方格网法土方计算

关于方格网法土方计算，网上有大量的资料可查。但是 HyTin 的方格网法，完全不同于传统的方法，它实际上就是模型法，只不过使用大家熟悉的方格网展示土方计算的结果，软件开发的难度远大于传统方法。其最显著的特点是土方计算的精度与网格大小无关，并且精度更高（与模型法相同），处理沟、塘等复杂地形时更容易使用。

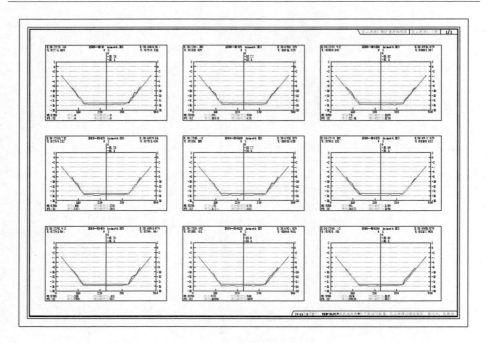

图 6-9　一页断面示意图

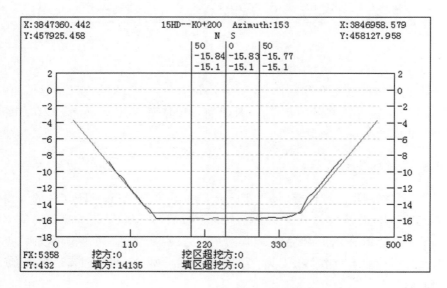

图 6-10　任意分区断面图

6.2　HyTin 基本概念

了解一些 HyTin 系统的基本概念和约定,可以帮助用户更好地使用 Hy-Tin 软件。

(1) 测点

测点就是测量获得的地形点或水深点,有坐标和高程,是计算土方的原始数据,Tin 模型就是根据测点构建的。系统约定,在 AutoCAD 中,【point】层上的点对象(point 对象)就是测点。测点也可以放在文件中,HyTin 可以读写南方 CASS 软件的.dat 格式坐标文件,也可以读写美国 Hypack 软件的 xyz 格式坐标文件,HyTin 自带的坐标文件是 xyh 格式。

(2) 地性线

地性线即地形特征线,通过定义地性线,可以构建更准确的三角网(Tin),更准确地表达实际地形。HyTin 在构网时,可以处理普通型和陡坎型两种地性线,从而能够描述类似“梯田”等复杂地形。地性线的节点必须是测点,三角形不允许跨越地性线。HyTin 系统的自动改正平三角形功能、自动删除跨线三角形功能,都是基于地性线实现的。

(3) 三角网

三角网(Tin),HyTin 使用 Tin 描述地形,本文所述数字地形模型就是指 Tin。HyTin 系统使用 AutoCAD 的三维面对象 3dface 表示 Tin,放在【三角形模型】层,所以,【三角形模型】层上的 3dface 对象就是 Tin。三角网也可以保存在文件中,文件后缀是.Tin,是二进制文件。一个 Tin 文件就表示了一个实际的地形。

(4) 土方三角形

由土方运算分割生成的三维面,有挖方三角形和填方三角形两类,由于土方就是体积,所以分割生成的挖方体具有上底和下底的概念,HyTin 会把表示挖方上底的三维面放在【挖方上底】层上,把表示挖方下底的三维面放在【挖方下底】层上;同样还有【填方上底】和【填方下底】的概念。不挖不填区域的土方三角形放在【不挖不填区】层上。

(5) 土方零线

挖方和填方的分界线就叫土方零线,HyTin 会把土方零线画在【土方零线】层上。

（6）范围线

HyTin 会用到各种表示区块的范围线，它们都是用 AutoCAD 的轻量多段线对象表示的。HyTin 只能处理折线多段线，如果范围线有弧段，应先将其转换成折线多段线。

（7）工前模型

工前模型指原始地形模型，可以保存在一个三角网（Tin）文件中，也可以保存在 CAD 图形中。通常由测量获得的地形高程点，通过建模程序自动构建。

（8）工后模型

工后模型指经过工程处理后的最新地形，工后模型可以是最近测量的实际地形，也可以是根据设计参数构建的设计模型。是一个三角网（Tin）文件。

（9）设计模型

设计模型是指根据设计参数构建的地形模型，其特点是三角形数量较少。如何构建设计模型，是 HyTin 用户的难点，其实只要理解其原理，也是很简单的。如果用户熟练地掌握了构建设计模型的方法，就等于掌握了 HyTin2.0 的使用。

（10）断面切割线

断面切割线也叫计划线，用来切割三角网模型，生成断面数据文件，进行断面法土方计算。在 HyTin 海洋测量软件中，它就是计划测线。

（11）平三角形

在同一条等高线上的三个点构成的三角形就叫平三角形。显然，平三角形错误地描述了实际地形，必须修正。HyTin 的建模程序能自动修正平三角形。

（12）扁三角形

形状特别"扁"的三角形，这类三角形通常不能正确描述地形，应予去除。HyTin 的建模程序能自动过滤扁三角形。

（13）跨线三角形

这是针对水深图提出的概念。当一个三角形的三点分别位于不同的测线，这个三角形就叫跨线三角形，通常也是不合理的。HyTin 的建模程序能自动过滤跨线三角形。

（14）比高

当一个点上有两个高程时，第二个点就用比高表示。HyTin 约定比高向下为正。

6.3　HyTin 命令详解

6.3.1　【测点】下拉菜单

HyTin 由 5 个下拉菜单组成,是按照内容分类的,如图 6-11 所示。测点是土方计算的原始数据,非常重要,本命令组提供了测点导入导出、获取、查错、编辑等功能,为构建 Tin 模型提供数据,同时也可以进行回淤计算和疏浚扫浅数据处理。

图 6-11　HyTin 下拉菜单图

(1)【测点导入导出】命令

点击【测点导入导出】,弹出功能面板,如图 6-12 所示。本命令可以把坐标文件中的测点画在屏幕上,或把屏幕上的测点对象保存在坐标文件内,或把一种格式的坐标文件保存为另一种格式的坐标文件。

①【格式】:HyTin 支持 3 种格式的坐标文件:

. xyh 格式是 HyTin 自带的坐标文件格式。

. Dat 是南方 CASS 软件采用的坐标文件格式。

. xyz 是美国 Hypack 软件的坐标文件格式。

②【来自文件】或【图内全部测点】或【图内部分测点】:选择原始测点的来源。当选择【来自文件】时,需要选取原始坐标文件;当选择【图内全部测点】情况下,程序自动选择【point】层上的全部点对象;当选择【图内部分测点】情况下,点击【开始】按钮后,程序会要求在屏幕上选取点对象。

图 6-12　测点导入导出面板图

③【输出到文件】或【输出到 AutoCAD】：测点导出的地方。如果选择【输出到文件】，则源测点将按照指定的输出格式和指定的文件名，保存在文件中；如果选择【输出到 AutoCAD】，则源测点将被绘制在【point】层上。

④【后缀符】：支持. xyh,. dat,. xyz 三种。

⑤【保存在单个文件中】：源坐标文件是可以多选的，所以可以选择输出的测点坐标文件是保存在多个文件还是单个文件中。

⑥【开始】：上述设定完成后就开始执行。

本命令默认操作是把坐标文件中的测点画在屏幕上，所以具体操作时，只需选取坐标文件，然后点击【开始】，程序就会把文件中的测点全部画在【point】层上。

（2）【高程注记生成测点】命令

点击【高程注记生成测点】，弹出功能面板，如图 6-13 所示。本命令可以把实际工作中遇到的绝大部分高程（水深）注记，自动转换成测点；也可以根据一些图形对象的特征点生成测点。使用本命令前，最好只打开高程注记所在图层，关闭其他图层。

①【海图水深注记：米位（大），分米位（小），横线】：这是海图水深注记的常用形式，如图 6-14 所示。

点击【生成测点】按钮，AutoCAD 命令行上出现提示，提示在同一个海图水

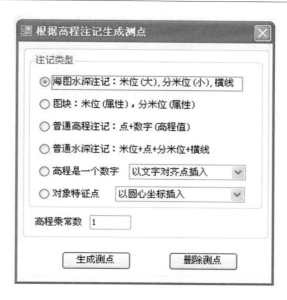

图 6-13　高程注记生成测点面板

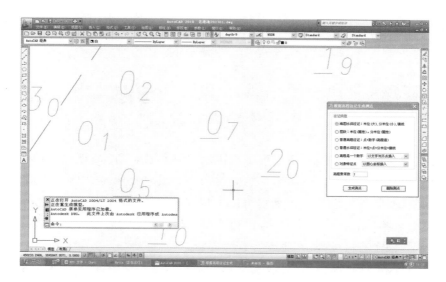

图 6-14　海图水深注记图

深注记中选择样本。按提示选取米位文字,这是必选项。选中米位后,命令行接着提示选取分米位。选中分米位后,命令行接着提示选取横线对象。有些海图水深注记的米位包含了横线的符号,就不会要求选横线了。如果图内水深没有"正"的,则可以直接回车忽略横线。取样完成,命令行接着提示要求批量选取海图注记对象,使用 AutoCAD 选对象的方式选择,可以用鼠标框选,如果全部选,则输入 all 回车。选择完成后回车,系统开始分析选中的所有注记,Auto-CAD 状态行上会有进度提示,完成后显示结果。

②【图块:米位(属性),分米位(属性)】:这是用块属性表示的高程注记转换测点的选项。Cass 软件的高程注记就是采用的这种方式,如图 6-15 所示。

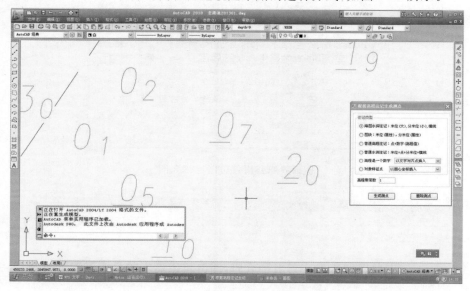

图 6-15　块属性高程注记图

点击【生成测点】按钮,命令行出现提示,选中表示"负"高程的高程注记回车,如果没有负高程可以直接回车忽略。命令行接着提示,选中表示"正"高程的高程注记回车,如果没有正高程可以直接回车忽略。命令行接着提示,提示选择需要转换的高程注记对象,可以用 CAD 选对象方式选取,回车,程序开始转换,状态条上有进度显示,完成后显示结果。

③【普通高程注记:点+数字(高程值)】:一般地形图中,高程注记都是用一个表示高程的数字表示,在它附近画一个点,表示高程点的位置。HyTin 识别时,要求"点"是用图块或圆对象表示的,如图 6-16 所示。

点击【生成测点】按钮,命令行出现提示,提示选取一个表示高程的文字对象,选中后回车;命令行接着提示,提示选取表示高程注记位置的"点"对象,选中后回车;命令行接着提示,提示选择需要转换的高程注记,选择后回车,程序

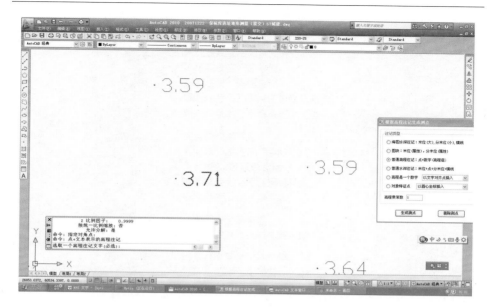

图 6-16　普通高程注记图

开始转换,状态条有进度提示,完成后报告结果。

④【普通水深注记:米位＋点＋分米位＋横线】:在水深图中也常常采用这种注记形式,如图 6-17 所示,米位、点、分米位和横线,都是不同的对象,。

点击【生成测点】按钮,命令行出现提示,要求在同一个注记中选择样本。选中米位文字后回车;命令行接着提示,要求选择表示水深位置的"点",选中后回车;命令行接着提示,要求选取分米位,选中后回车;命令行接着提示,要求选取表示正高程的横线,如果没有就直接回车,命令行接着提示,样本选取完毕,这时提示选取需要转换的水深注记,用 CAD 选对象方法选取,选完后回车,程序开始转换,状态条上有进度提示,完成后报告结果。

⑤【高程是一个数字】:高程只用一个数字表示,在水深图中也比较常见。为了确定高程点的位置,系统给出四个选项,分别是:文字的对齐点、文字中心、以文字右下角点为基点平移,或者直接由操作员用鼠标逐个点取,如图 6-18 所示。

⑥【对象特征点】:根据对象特征点生成测点。HyTin 可以把圆心坐标、轻量多段线节点和三维多段线节点提取生成测点,如图 6-19 所示。

⑦【高程乘常数】:可以把转换得到的高程乘一个指定的常数。如果设定常数为−1,则相对于把高程反号。

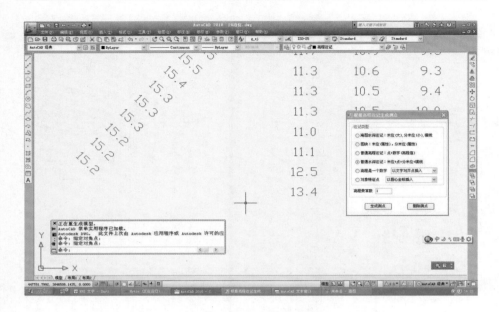

图 6-17 普通水深注记图

图 6-18 高程是一个数字选项图

（3）【等高线离散生成测点】命令

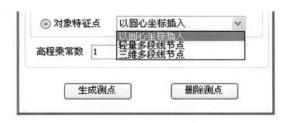

图 6-19　对象特征点选项图

点击【等高线离散生成测点】命令,出现图 6-20 所示界面。

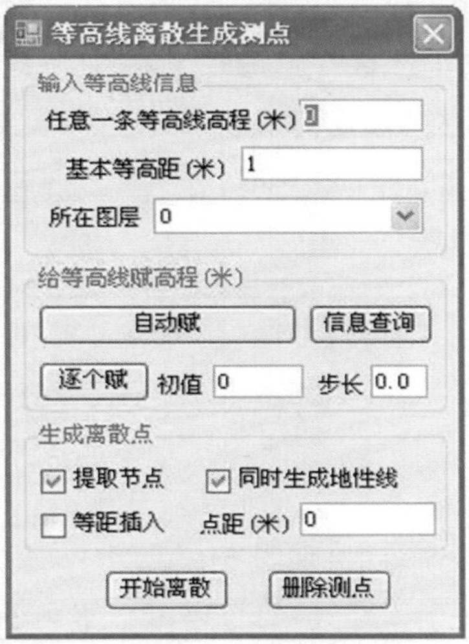

图 6-20　等高线离散生成测点命令图

【任意一条等高线高程】:输入图中任意一条等高线的高程。

【基本等高距】:输入图中等高线的等高距。

【所在图层】:指定等高线所在的图层。

点击【自动赋】按钮,程序会把赋了高程的等高线的颜色改成绿色,如图 6-21所示。

点击【信息查询】按钮,程序会报告等高线的赋值情况,如图 6-21 所示。

点击【逐个赋】按钮,可以人机交互进行等高线高程赋值。

等高线带了高程后,就可以离散成测点。

【提取节点】:把等高线的节点提取为测点。

【同时生成地性线】:这一项通常都要求选择,否则在后续构网时,就无法自

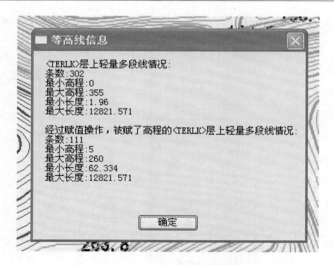

图 6-21   等高线颜色和赋值情况图

动修正平三角形。

【等距插入】:按设定的距离,在等高线上插入测点。

点击【开始离散】按钮,程序就开始把等高线离散成测点,状态条上显示进度。完成后报告结果。

(4)【在模型上插点】命令

点击【在模型上插点】命令,出现图 6-22 所示界面

本命令可以用来进行回淤计算,也可以进行水深栅格化处理。如果在同一块海域,在不同时间进行了水深测量,那么每次测量都可以构建海底地形模型,同一个坐标点(取样点)就可以获得两个高程,高程变化就反映了该点回淤情况,大量的取样点集合,就反映了整个海区的回淤情况。本命令由 4 部分组成:地形模型(三角网 A,三角网 B)、取样点、高程运算方式、输出测点,可以通过取样点,对一个模型或两个模型进行高程运算。

① 三角网(A):

第一个三角网(Tin),可以在文件中,也可以在图内(【三角形模型】层上的 3dface 对象)。

②【自动分区运算】:这是为海量数据准备的(例如三角形数量超过了 100 万个),通常不需选择,

③ 三角网(B):只有计算回淤时才需要第二个三角网。

④ 取样点:

图 6-22 在模型上插点命令界面图

【A 网的节点】:取样点采用三角网 A 的节点。

【B 网的节点】:取样点采用三角网 B 的节点。

【来自文件】:取样点保存在一个坐标文件内。

【矩阵】:取样点是自动生成的阵列点,边长可以设定。

⑤ 高程运算方式:指明如何进行高程运算。

【取样点高程减 A 网】:生成测点的高程是取样点自带的高程减去三角网 A 上的内插高程。

【在 A 上插点】:生成测点的高程是取样点在三角网 A 上的内插高程。

【A 高程减 B】:生成测点的高程是取样点在三角网 A 上的高程减去在三角网 B 上的高程。

【使插点高程偏离 A 网】:请不要选择本项。

设置完成后点击【开始】按钮,程序开始内插高程计算,屏幕左下角状态条上有进度显示,完成后报告结果。

(5)【密集测点自动删选】命令

本命令用于将密集测点删选抽稀,可以在疏浚扫浅工作中使用。在多波束水深扫测工作中,会生成大量密集的坐标点(平均每 2 米或 1 米就有一个水深点),必须抽稀后才能成图打印。本命令在抽稀时通过加入设计模型控制,保证不遗漏浅点(边坡上的浅点也不会遗漏),可以对海量数据(例如 1 千万个点)进行抽稀处理。界面分成两页,如图 6-23 所示:

图 6-23　测点删选界面图

① 删选页。

【删选距离】:抽稀后测点的点距。

【取浅点】:选中本项,则抽稀后的测点都是比较浅(高程较大)的点。通常都要选择。

【允许高差】:当选择【取浅点】时,对浅点的标准可以适当放松,通常使用默认值 0.1 米就可以了。

【考虑控制水深】:当选择【取浅点】时,应选择本项。使用设计模型控制,高于设计模型的点将不会遗漏。当然,控制水深也可以是平面。

【源测点】:需要抽稀的测点可以在图内(【point】层上的点对象),更多时候在文件中。当测点在文件中的时候,对点数没有限制。

② 文件页。文件页如图 6-24 所示。

可以选取多个源测点文件。点击【开始删选】按钮,程序开始进行删选,屏幕左下角状态条上显示进度,完成后报告删选情况。

(6)【测点检查及编辑】命令

图 6-24　测点删选（文件）界面图

测点是土方计算的原始数据，绝对不能出错。尽管在测量工作流程中的各个环节都要进行质量检查，但是当我们拿到水深图后，还必须进行最后的检查。本命令用来对测点进行检查和编辑，以确保原始数据正确无误。只有在 CAD 中的测点才能用本命令处理。

本命令分成两个页面，如图 6-25 所示。

① 检查页。

【信息】按钮：点击此按钮，显示图中测点信息。

【外框】按钮：点击此按钮，在图中画一个包含所有测点的矩形外框，可以发现孤点。

【删重合点】按钮：点击此按钮，程序迅速删除图中可能存在的重合点。

【显示样式】按钮：点击此按钮，显示点对象显示样式对话框，可以设置测点的显示样式。

下面是检查高程异常点的一些方法：

【相邻点最大坡比】：程序会用一根轻量多段线，把坡比大于设定值的测点连接起来。

【最浅点标线】、【最深点标线】、【零高程标线】：点击【画出标线】按钮，命令行上会提示选取范围线，程序会按设定的点数，用一根轻量多段线，把这些测点按序连接。

图 6-25　测点检查界面图

点击【画等高线】按钮,程序会按设定的等高距,迅速画出等高线,可以通过查看等高线的形状,很快发现高程异常点。

点击【平均高程】按钮,命令行上会提示选取范围线,程序会报告范围内测点的高程情况。

② 编辑页(如图 6-26 所示)。

点击【测点移层】按钮,程序会把设定范围内的测点移到【m_point】层,后续构建地形模型时就不会使用这些点了。

【高程乘常数】、【高程加常数】,可以对测点的高程进行乘一个数或加(减)一个数的操作。

点击【内插测点】按钮,命令行上会提示用鼠标输入插入点的坐标,程序会根据周围的测点,进行高程内插,把生成的内插点放在【i_point】层上,这是加密测点的操作。最后,必须点击【确认内插测点】按钮,把【i_point】层上的点对象全部移到【point】层。

【计划线磁吸测点】:可以把测点的位置投影到最近的计划线上,高程保存不变。

(7)【高程注记】命令

本命令包括【水深注记】和【多功能展点程序】两个命令。水深注记如图6-27所示。

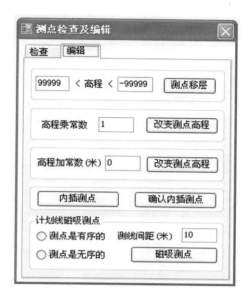

图 6-26　测点编辑界面图

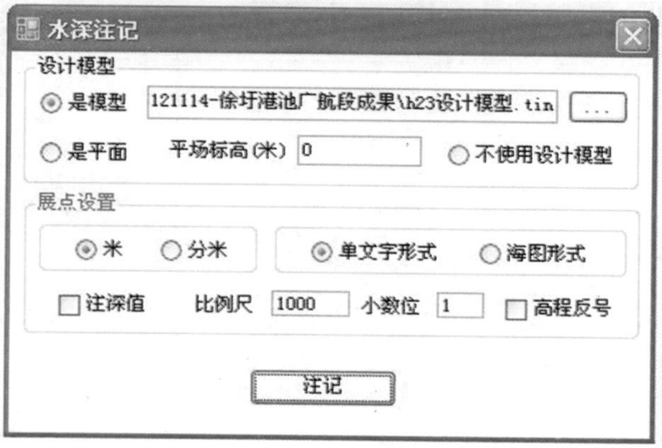

图 6-27　水深注记界面图

　　本命令主要用于疏浚扫浅工程的水深注记。如果输入了设计模型,程序会分析 CAD 图内【point】层上的所有测点,高程高于设计模型的测点,将用红色在【红色水深】层上注记水深(高程),并在【浅值】层上以分米为单位标注差值,高程低于设计模型的测点,用蓝色在【蓝色水深】层上注记水深。

展点设置：

【米】、【分米】：注记可以以米为单位，也可以以分米为单位。

【单文字形式】、【海图形式】：选择注记的样式，显然单文字形式速度更快。

【注深值】：如果选择了本项，将标注比设计模型深的高差值。

【比例尺】：比例尺决定注记文字的高度。

【小数位】：设定注记的小数位数。

【高程反号】：把测点的高程反号。

点击【注记】按钮，程序开始按设置的参数注记水深，屏幕左下角状态行上显示进度，完成后报告结果。

【多功能展点程序】命令可以完成多种样式的高程或水深注记。

(8)【手工插入测点】命令

本命令在图中【point】层上绘制点对象，主要用于构建设计模型，如图 6-28 所示。

图 6-28　插入建模点界面图

【高程值】：输入待插入测点的高程。

点击【插点】按钮，用鼠标按输入的高程值，在【point】层上绘制点对象。

点击【给多段线赋高】按钮，用鼠标选取折线多段线，程序会把输入的高程赋给选中的多段线。

【沿多段线插点】：请参考【等高线离散】命令。

6.3.2　【模型】下拉菜单

本命令组用于构建三角网地形模型（Tin），可以对模型进行各种编辑。制作模型高程分色图件，绘制等高线等。

（1）【生成三角网】命令

本命令生成三角网地形模型（或者称作构网、建模），设计模型也是用本命令生成。建模程序的自动化程度较高，通过适当的设置可以一次性生成满意的模型，构网界面如图 6-29 所示。

图 6-29　构网界面图

【点在文件中】：告诉建模程序，参加建模的测点在文件中。

【点在图内】：告诉建模程序，参加建模的测点是图形内【point】层上的点对象。

【全部选】、【部分选】：如果选择了【部分选】，则点击【构网】按钮后，命令行上提示用鼠标选取参加构网的测点。

【高程范围】：只允许设定高程范围内的测点参加建模。

【三角形最长边】：设定可能的三角形最长边。如果无法确定，就选一个大数。

【过滤扁三角形】：0 不过滤，数字越大，过滤强度越高。

【考虑地性线】：选择本项，建模过程中会考虑地性线，地性线只能在图内绘制定义，三角形不会跨越地性线。如果是陡坎型地性线，则程序会自动对有关三角形进行高程处理，构建陡坎地形。通常用于设计模型的构建。

【过滤跨线三角形】：专门针对水深图，选择本项，则程序会过滤掉 3 个点在不同地性线上的三角形，使海底模型更加合理。

【改正平三角形】：选择本项，建模程序会根据地性线，尽可能改正所有平三角形。

【存入文件】：生成的三角网将保存在用户指定的 .Tin 文件中。这是一个二进制文件。

【在 CAD 中绘出三角网】：选择本项，生成的三角形将绘制在【三角形模型】层上。

点击【构网】按钮，开始构网，屏幕左下角状态行上显示进度，如果测点数超过 5 万个，在屏幕中央会出现进度条。图 6-30、图 6-31、图 6-32、图 6-33 分别表示不过滤扁三角形效果图、过滤扁三角形效果图、未改正平三角形构网图和改正平三角形构网图。

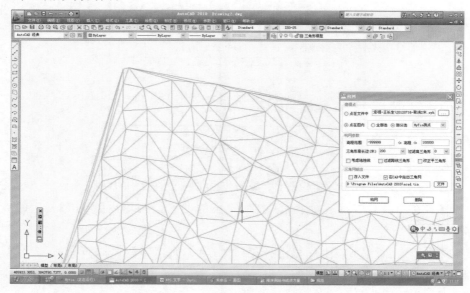

图 6-30　不过滤扁三角形效果图

点击【删除】按钮，程序删除【三角形模型】层上的所有三维面对象。

（2）【三角网编辑】命令

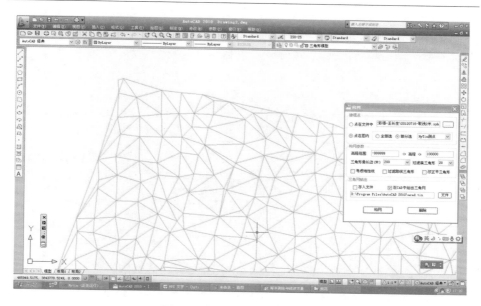

图 6-31　过滤扁三角形效果图

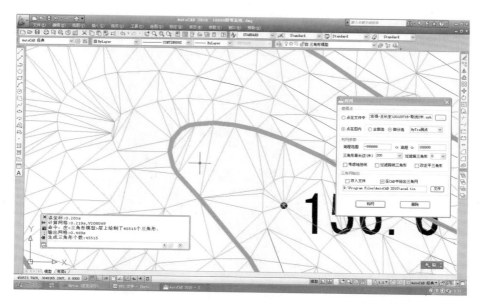

图 6-32　未改正平三角形构网图

本命令对图内三角网进行编辑，如图 6-34 所示。

【区块】：用范围线切割三角网，保留范围内的三角形，其余删除。

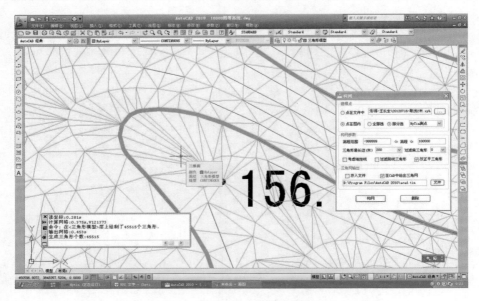

图 6-33　改正平三角形构网图

图 6-34　国内三角网编辑命令界面图

【开孔】：用范围线切割三角网，删除范围内的三角形。

【切割】：用切割线切割三角网。

【补足】：在范围线内没有被三角形覆盖的区域，生成新的三角形把范围线填满。

【交换对角线】：选取相邻 2 个三角形的公共边，交换对角线修改这 2 个三角形。

【插点】:在三角网中插入一点,加密三角网。

【画边界】:把三角网的边界画出来。

【删除重叠三角网】:检查三角网中是否存在重叠三角形,如果存在,把重叠的三角形删除,只保留一个。

【表面积】:计算三角网表面积和投影面积。

【三角网信息】:查询三角网的高程范围等信息。

【全部选】:编辑命令作用在图内全部三角网上。

【部分选】:点击编辑命令后,命令行会提示选取需要编辑的三角形。

【图层】:待编辑三角网所在图层。

(3)【三角网导入导出】—【绘制与保存三角网】命令

【绘制与保存三角网】:本命令可以把文件中的三角形绘制在图形中,或把图内的三角形保存在文件中,如图 6-35 所示。

图 6-35　绘制与保存三角网界面图

① 在屏幕上绘制。

【高程乘数】:应该使用默认值 1,即高程不变。输入一个不等于 1 的数,则保存于文件中的三角形高程进行了缩放,这种情况用于模型的显示效果,不能用于计算土方。

【对象类型】:可以选择用三维面或三维线对象绘制三角形。HyTin默认使用三维面表示三角形,请始终用三维面。

② 保存图内三角形。

【全部选】:把图内指定层上的三角形存入指定的文件。

【部分选】:把图内指定层上的部分三角形存入指定的文件。

【类型】:图内三角形的对象类型。通常都是三维面。

【图层】:指定三角形所在的图层。

(4)【三角网导入导出】—【切出部分三角网】命令

本命令用范围线从三角网文件中切出三角形,保存在新的三角网文件中,如图6-36所示。

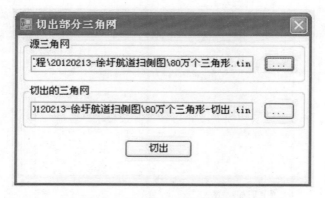

图6-36　切出部分三角网界面图

(5)【定义地性线】命令

本命令定义地性线,建模程序不会让三角形跨越地性线。地性线的节点必须是测点(建模点),如图6-37所示。

【画多段线】:画轻量多段线。

【捕捉方式】:设置画线时的对象捕捉方式。在CAD中按住shift键,再按鼠标右键,也可以跳出捕捉菜单。

【定义一般地性线】:必须在普通轻量多段线上加一般地性线记号,建模程序才能把这根线作为一般地性线处理。

图6-37　地性线命令
界面图

【定义陡坎地性线】：必须在普通轻量多段线上加陡坎地性线记号，建模程序才能把这根线作为陡坎地性线处理。

【选陡坎】：可以在选中的陡坎线的节点上定义比高。如果一根陡坎线上只定义一个比高，则默认这根线的所有节点都有相同的比高。

【注比高】：把已经定义的比高写在节点旁边，便于检查。

【删注记】：把比高注记全部删除。

【陡坎反向】：把选取的陡坎线反向。

（6）【绘制模型高程分色图】命令

本命令可以把三角网地形模型按其高程进行分色，生成彩色的地形模型视图，如图 6-38 所示。

图 6-38　模型高程分色图界面

【在文件中】：需要高程分色的三角网模型在文件中。

【在图内】：需要高程分色的三角网模型在 AutoCAD 图内。

【图层】：如果三角网在图内，需指明在哪个图层。

【模型信息】：查询并显示三角网信息。

【高程(米)分段设色】:

每段高程范围有起始高程、对应的起始高程颜色、末尾高程、对应的末尾高程颜色,步长就是起始高程到末尾高程的增量,显然步长越小,高程段数就越多,颜色就越丰富。

【生成设置】:生成的色块可以用填充对象绘制,也可以用三维面对象绘制。

【画颜色表】:选择本项,程序会同时生成一个颜色表,指明什么颜色对应什么高程。

【高程比例】:可以使模型在高程方向缩放。

在疏浚工程扫浅工作中,可以使用本命令把浅点按其高程值大小,用不同颜色标出其位置。通过设置参数,可以绘出模型高程的各种色彩效果,如图6-39所示。

(7)【绘制等高线】命令

本命令可以绘制等高线,如图 6-40 所示。

【任意一条等高线的高程】:只需输入任意一条等高线的高程。

【基本等高距】:输入等高线的高程间隔。

【任意一条计曲线的高程】:只需输入任意一条计曲线的高程。

【计曲线等高距】:输入计曲线的高程间隔,必须是基本等高距的倍数。

【等高线高程最小值】:小于该高程的区域将不画等高线。

【等高线高程最大值】:大于该高程的区域将不画等高线。如果输入的最小值与最大值相等,程序将画出这一条等高线。

【注记间隔】:等高线高程注记的间距。按规范只对计曲线进行高程注记。

【字高】:等高线高程注记的字高。

【三角网模型】:可以在文件中或图形内。

【绘制】:点击绘出等高线,全部是折线轻量多段线。

【F 光滑】:用弧段光滑等高线。

【S 光滑】:用 spline 曲线光滑等高线。

【还原】:把光滑后的等高线还原为最初的折线。

【注记】:对计曲线进行高程注记。

【删注记】:把等高线高程注记全部删除。

6.3.3 【土方】下拉菜单

本命令组提供 3 种方法计算土方。

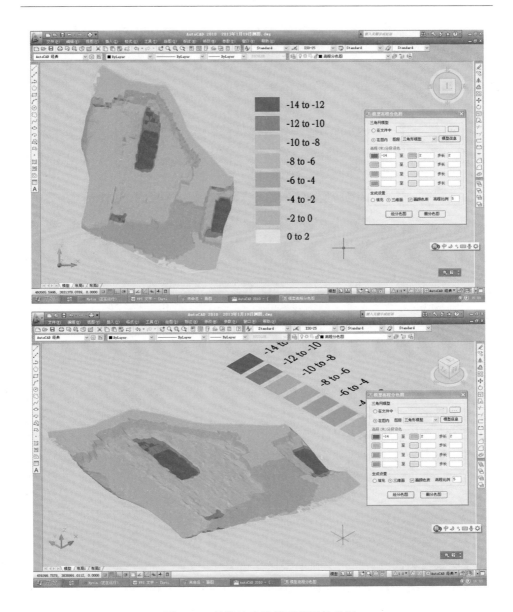

图 6-39　某港池疏浚模型高程效果图

（1）【模型法土方计算】命令

本命令实现模型法土方计算。模型法计算土方是理论上最严密的方法，其
实质就是两个三角网地形模型之间的体积运算。HyTin 提供了【估算】和【精

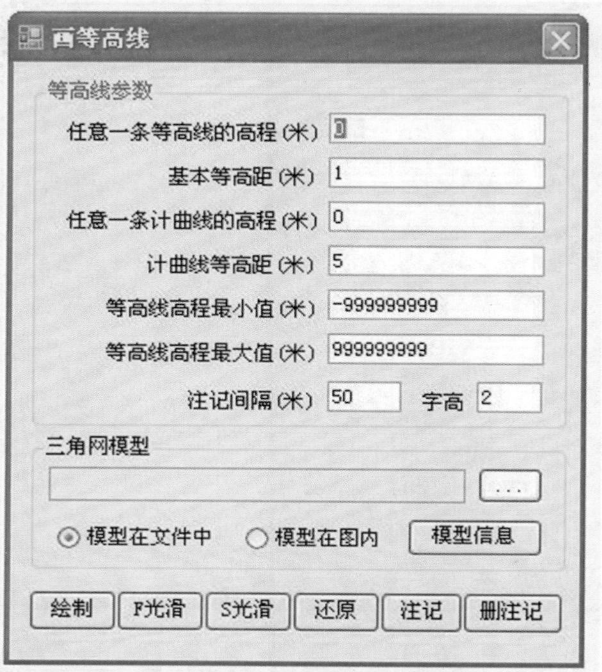

图 6-40 【绘制等高线】命令界面图

算】两种算法,【估算】有一定的近似性,是其他一些土方软件的标准算法;【精算】是完全严密的算法,是 HyTin 的标准算法。两种方法也可以起到互相校核的作用。

用户可以选择输出多种土方计算成果,所以本命令分成两个页面,如图 6-41所示。

① 计算页:

【工前模型】:工程施工前的原始地形。

【模型在文件中】:表明工前模型保存在文件中。

【模型在图内】:表明工前模型在图内【三角形模型】层上。

【数据不足时自动补足】:当计算范围内原始三角网覆盖不满时,程序自动把模型的边界点向外平推,达到补足数据的目的。

工后模型:工程施工后的地形,设计模型也是工后模型,但工后模型不一定是设计模型。

【设计面是模型】:表明工后模型是一个 Tin,复杂度没有限制。

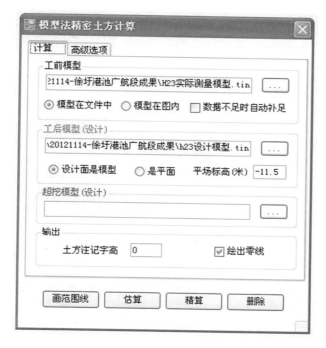

图 6-41　模型法土方计算界面图

【是平面】:表明工后模型是一个简单的平面,用一个高程就可以定义了。

【超挖模型】:超挖模型是疏浚工程的概念,是设计出来的模型,不是实际地形。如果不计算超挖土方,就不能输入超挖模型文件名。

【土方注记字高】:注记土方量的文字高度,如果输入 0,程序会自动确定,不会出问题。

【绘出零线】:决定是否在【土方零线】层上绘制土方零线。

② 高级选项页:

如果需要定制更多的输出,可翻到【高级选项】页,如图 6-42 所示。

【标注挖方量】:在图中写出挖方量。

【标注填方量】:在图中写出填方量。

【标注挖面积】:在图中写出挖方区域的面积。

【标注填面积】:在图中写出填方区域的面积。

【标注超挖方】:在图中写出超挖方量。

【标注总方量】:如果有多条计算土方的范围线,将标注总方量。

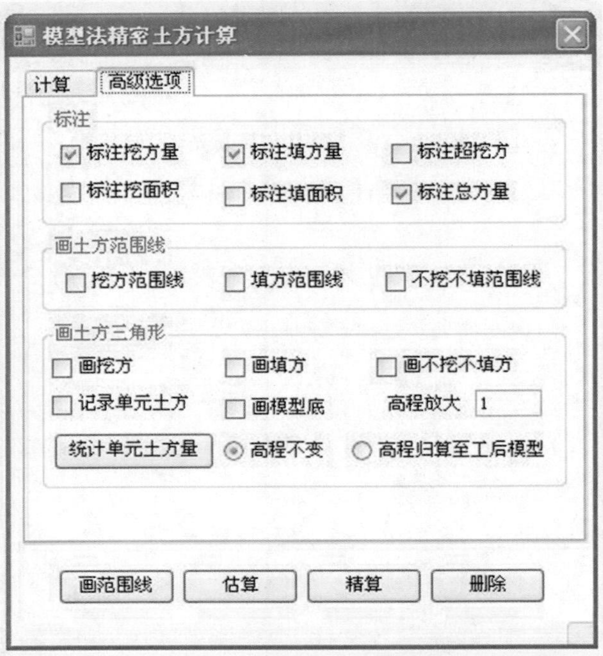

图 6-42　土方计算高级选项界面图

【挖方范围线】:在图中画出挖方范围线。

【填方范围线】:在图中画出填方范围线。

【不挖不填范围线】:在图中画出不挖不填区域的范围线。

【画挖方】:画出土方计算分割生成的挖方三角形。

【画填方】:画出土方计算分割生成的填方三角形。

【画不挖不填方】:画出土方计算分割生成的既不挖也不填的三角形。

【记录单元土方】:在每个土方三角形上记录土方量。

【画模型底】:画出土方三角形的模型底。土方体由上底、下底和侧面的垂直面组成。

【高程放大】:把土方三角形的高程进行缩放,用于土方三维效果图的制作。

【高程不变】:生成的土方三角形高程保持原样。

【高程归算至工后模型】:以工后模型作为生成的土方三角形高程的起算面。

【统计单元土方量】:与【记录单元土方】选项对应,重新统计记录每个土方三角形上的土方量,如果某个土方三角形被删除了,则这个三角形上的土方就不会被统计。

设置完成计算参数后,就可以计算土方了。这些参数只被【精算】使用,而【估算】不使用这些参数。

点击【画范围线】按钮:使用 CAD 画线命令绘制轻量多段线,范围线应该闭合。

点击【估算】按钮:命令行提示选取计算土方的范围线,只能选一条,如果直接回车就计算全部三角形。计算完成后报告结果。HyTin【估算】功能计算的土方也有一定的精度,是其他不少土方计算软件的标准算法,实际应用时,可以用来与【精算】结果比较,检查是否存在粗差。

点击【精算】按钮:命令行提示选取计算土方的范围线,可以选多条,如果直接回车就计算全部三角形。【精算】时将使用全部设置的计算参数,能在图形中绘制土方计算生成的对象,计算完成后也报告结果。

点击【删除】按钮:程序会把土方计算生成的对象全部删除。

(2)【断面法土方计算】命令

断面法计算土方时,需要 3 个步骤,如图 6-43 所示。

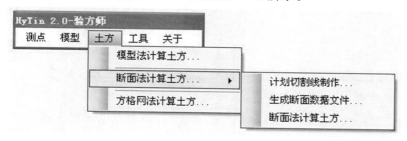

图 6-43　断面法土方计算图

①【计划切割线制作】命令。

本命令按设定的参数自动生成横断面测线,并按里程编号,如图 6-44 所示。

【间距】:输入相邻测线的间距。

【节点处加线】:当线路中线有转折时,指明是否在转折节点位置加线。

【转折处平滑】:当测线沿线路中线铺设时,在中线转折处是否平滑地改变方向。

【前缀符】:输入测线编号的前缀符。

【起始里程】:输入测线沿中线的起始里程。

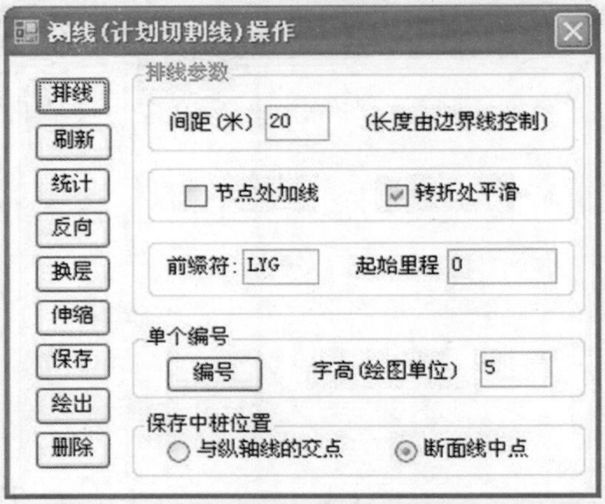

图 6-44　计划切割线制作界面图

点击【编号】按钮，可以对一根轻量多段线编号，在线的两端写出编号文字。编号后的多段线就成为测线，系统就能识别了。

【字高】：编号文字的高。

【与纵轴线的交点】：中桩位置采用测线（横断面切割线）与线路的交点。

【断面线中点】：中桩位置采用测线（横断面切割线）的中点。

以下是命令操作：

点击【排线】按钮：命令行提示选取纵轴线，测线将沿着纵轴线布设。

选中后回车；命令行接着提示，要求在纵轴线上选取测线的起点，直接回车表示起点就是纵轴线的起点；命令行接着提示，要求在纵轴线上选取测线的终点，直接回车表示终点就是纵轴线的终点；命令行接着提示选取边界线，选中后回车；命令行接着提示选取第二根边界线，如果没有第二个边界线，就直接回车，软件会在图中迅速绘出测线，如图 6-45 所示。

点击【刷新】按钮，程序将按设定的字高刷新测线编号。

点击【统计】按钮，将报告图中测线情况，包括条数、总长度等。

点击【换层】按钮，将把测线移到当前层。

点击【保存】按钮，将把图中选定的测线保存在指定的测线文件中。如果选择了【与纵轴线的交点】选项，命令行会提示选取纵轴线。

点击【绘出】按钮，会把指定测线文件中的测线，画在图中。

点击【删除】按钮，将删除选取的测线（选择的其他对象不会被删除）。

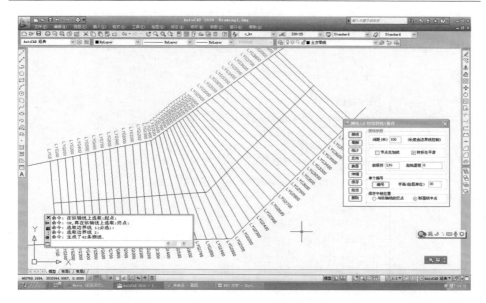

图 6-45　生成的测线图

②【生成断面数据文件】命令。

本命令用计划测线文件中的测线,切割指定的三角网地形模型,生成断面数据文件,如图 6-46 所示。

【指定断面切割线】:选取测线文件。

【指定被切割模型】:指定被切割模型文件(. Tin)。

【输出断面数据文件】:指定一个输出断面数据文件名,切割后的断面将保存在这个文件中。

可以选择提取断面的方法:

【自然切割】:逐个计算测线与模型的交点,是完全真实的切割动作。

【等距取样】:沿测线按设定的距离在模型上查询获取高程,形成断面。

【精简多余节点】:去除同一段直线上多余的节点。

【点距】:等距取样时的间距。

【均匀等分】:微调点距,使高程点在测线上均匀分布。

【展点】:同时把切割的断面节点,画在【point】层上。

【自动分区计算】:当被切割模型的三角形数量很大时(例如超过了 100 万个三角形),应该选择本项,否则可能会引起内存溢出错误。

【绘制 3D 切割线】:切割的同时在原地生成 3D 断面,需要用 CAD 三维观

图 6-46 提取断面界面图

察视图观看效果,如图 6-47 所示。

【高程放大倍数】:可以把切出的断面在高程方向缩放,以便更好地观察,这个参数只对【绘制 3D 切割线】有效。

(3)【断面法计算土方】命令

有了断面数据文件就可以用本命令计算土方。命令分 3 个页面,如图 6-48 所示。

① 断面数据页。

点击【选入断面】按钮,选取参加计算的断面数据文件,文件后缀名是.hdm。一个文件代表一期断面,计算土方必须有两期断面数据,所以至少应该选取 2 个断面数据文件,两期断面的切割线必须完全相同,即断面号、里程和切割线位置完全相同。也就是使用一组切割线,对同一块区域不同时期测量的地形进行切割,生成两个(期)断面数据文件。

点击【移出】按钮,把选择的断面数据文件移出对话框,不参加断面计算。

【工前断面】:点击本选项,把选中加亮的断面数据文件指定为工前断面。

【工后断面】:点击本选项,把选中加亮的断面数据文件指定为工后断面。

【超深断面】:点击本选项,把选中加亮的断面数据文件指定为超深断面。

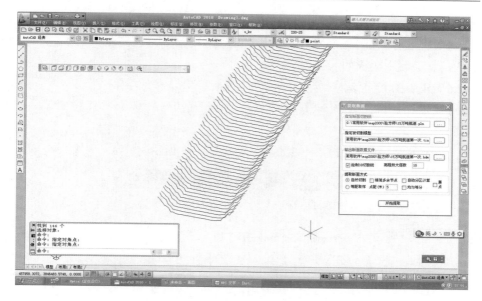

图 6-47　生成的 3D 割线图

图 6-48　断面法计算土方命令界面图

　　点击【设计断面】按钮，可以选定一个设计断面数据文件，如果工后断面就是设计断面,则不需要再用本命令指定设计断面。

【工程名称】、【测量单位】、【高程基准】、【测量方法】、【测量人员】、【日期】:
这些信息会写在生成的断面图上。

【始里程】:指定参加计算的起始断面里程。默认文件中第一个断面。

【终里程】:指定参加计算的最后一个断面里程。默认文件中最后一个
断面。

② 断面规格页:设置如何绘制断面,如图 6-49 所示。

图 6-49　断面规格界面图

【图纸】:选择绘制断面图的纸张尺寸。

【纸宽】:设定纸张的宽度。

【纸高】:设定纸张的高度。断面图将使用设定的纸宽和纸高绘制断面。

【宽(米)】:输入待画断面的实际最大宽度。

【高(米)】:输入待画断面的实际最大高度。

【列数】:每一页绘制断面的列数。

【行数】:每一页绘制断面的行数。每页绘制的断面个数=列数×行数。

【横比】:设置断面的横比例尺。

【纵比】:设置断面的纵比例尺。

点击 [→] 按钮,程序将按照用户输入的【列数】和【行数】计算适应纸张的横比例尺和纵比例尺。

点击 [←] 按钮,程序将按照用户输入的横比例尺和纵比例尺计算适应纸张的【列数】和【行数】。

【纵刻划(米)】:设置纵刻划间隔,单位是米。

【横刻划(米)】:设置横刻划间隔,单位是米。

【自动确定】:选择本项,程序将自动确定纵刻划间隔和横刻划间隔。

【距离标注】:在断面图上标注距离线(横轴)。

必须基于设计断面标注,节点号从 1 开始计数。例如:

$-50,-25,0,25,50$ 表示按设定的距离绘制距离标线。

n2,n3 表示在设计断面的第二个和第三个节点处绘制距离标线。

n2+10 表示在设计断面的第二个节点向右 10 米处绘制距离标线。

r10 表示在设计断面每隔 10 米绘制距离标线。

以上语句可以组合使用。

【高程标线】:在断面图上标注高程线(纵轴)。例如:

$-10,-8$ 表示在高程为 -10 米和 -8 米处绘制横线。

N2+0.5 表示在设计断面的第二个节点的高程加 0.5 米位置绘制横线。

【画纵刻划虚线】:在断面图上绘制纵刻划长虚线(横线)。

【画中线纵刻】:在断面中线处绘制一根纵轴。

【绘出土方】:在断面图上画出土方计算成果。如果只选取了一期断面,则本选项无效。

③ 土方计算页:设置土方计算参数,如图 6-50 所示。

【左边界】:指定断面计算的左边界,【以交点为界】表示从工前工后断面的第一个交点开始计算;【以交集为界】表示从工前工后断面的第一个节点开始计算。

【右边界】:指定断面计算的右边界,【以交点为界】表示从工前工后断面的最后一个交点开始计算;【以交集为界】表示从工前工后断面的最后一个节点开始计算。

超深超宽设置:

【不计算超深超宽】:土方计算时不考虑超深超宽。

【输入超深超宽计算】:土方计算时考虑超深超宽,使用输入的超深和超宽值计算。

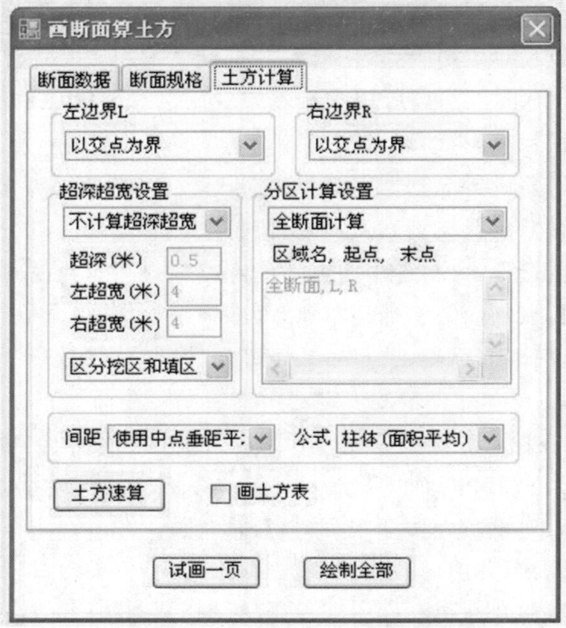

图 6-50　土方计算界面图

【用超深断面计算】:使用选取的超深断面数据文件计算土方。

【超深】:输入规范规定的对应具体工程的超深值。

【左超宽】:输入左超宽。

【右超宽】:输入右超宽。

【区分挖区和填区】:超挖计算时区分挖区和填区。

【不区分】:超挖计算时不区分挖区和填区。

分区计算设置:HyTin 断面法土方计算时,可以对断面任意分区,计算完成后会生成分区统计结果。

【全断面计算】:不进行分区计算,整个断面当作一个区。

【按左边坡、左槽、右槽、右边坡计算】:根据设计断面,把断面分成 4 个区进行计算。

【自定计算区域】:任意设定分区。

【间距】:确定断面间距的取法,有 3 个选项:

　　【使用中点垂距平均】:使用相邻断面切割线的中点垂距平均值。

　　【使用端点距离平均】:使用相邻断面切割线的端点距离平均值。

【使用里程差】:使用相邻断面切割线的里程差

【公式】:确定计算土方的公式,有 2 种:

　　【柱体(面积平均)】:经常使用的公式。

　　【台体(圆锥体积公式)】:不经常使用的公式。

【土方速算】:只计算土方,不绘制断面图,可以画出土方统计表。

【画土方表】:选择本项,土方计算完成后,程序在图内指定位置绘出土方统计表。

【试画一页】:只画一页断面图,用于检验设置参数。

【绘制全部】:绘出全部断面图,如图 6-51 所示;还可以自动生成土方统计表,如图 6-52 所示。

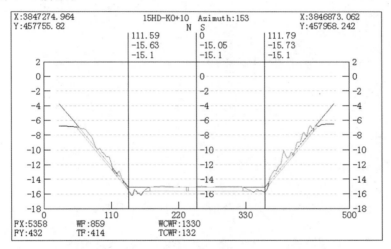

图 6-51　15HD-K0＋10 断面图

说明:横比例尺 FX＝1∶5358

　　　纵比例尺 FY＝1∶432

　　　断面方向 153 度,左侧为北(N),右侧为南(S)

　　　挖方:859 立方米(图中橘黄色闭合线)

　　　填方:414 立方米(图中蓝色闭合线)

　　　挖区超挖方:1330 立方米(图中土黄色闭合线)

　　　填区超挖方:132 立方米(图中浅蓝色闭合线)

　　　X,Y 是切割线两端坐标

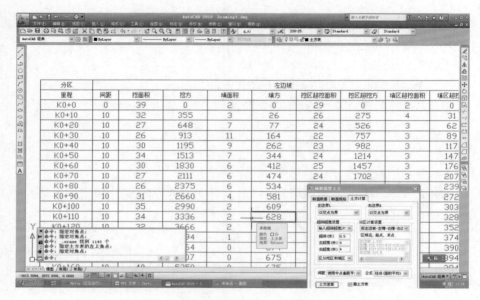

图 6-52　自动生成的土方统计表

6.3.4　【工具】

本命令组提供一些实用工具。

（1）【切断面】命令

本命令可以在图内任意切割断面，并画出另一种样式的断面图，如图 6-53
所示。

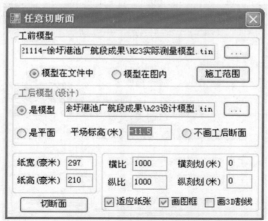

图 6-53　切断面命令界面图

① 工前模型：

【模型在文件中】：指明工前模型在选定的文件中。

【模型在图内】：指明工前模型在图内【三角形模型】层上。

【施工范围】：点击按钮可以指定一根闭合轻量多段线作为施工范围，断面切割时只对范围内的地形模型进行切割。当三角形数量小于 100 万个时无须划定施工范围。

② 工后模型：

【是模型】：指明工后模型在选定的文件中。

【是平面】：指明工后模型是一个水平面。

【平场标高】：当工后模型是水平面时，输入水平面的高程。

【不画工后断面】：画断面图时不画工后断面。

③ 设置断面图规格：

【纸宽】：纸张的宽度，以毫米为单位。

【纸高】：纸张的高度，以毫米为单位。

【横比】：断面图水平方向的比例尺。

【纵比】：断面图垂直方向的比例尺。

【横刻划】：断面图在水平方向的刻划间距（距离轴），单位为米，如果输入 0，程序会自动确定横刻划。

【纵刻划】：断面图在垂直方向的刻划间距（高程轴），单位为米，如果输入 0，程序会自动确定纵刻划。

【适应纸张】：选择本项，程序根据纸张尺寸自动计算横比例尺和纵比例尺，断面图刚好铺满纸张。

【画图框】：选择本项，将画出图框，否则只画断面线。

【画 3D 割线】：在切割线原地生成断面。需用 CAD 三维视图才能看到切割效果。

点击【切断面】按钮，命令行上出现提示，要求输入切割线的端点，输入后，命令行接着提示输入切割线的末点，输入后，命令行接着提示要求指定断面图的左下角点，输入后，程序会在该位置画出断面图，如图 6-54 所示。

（2）【海量测点分区】命令

尽管 HyTin 可以处理海量数据，但是这样会给计算机带来沉重负担，影响使用效果，例如把 100 万个三角形画在 CAD 中，CAD 就会出现响应迟钝，所以实际工作中遇到海量数据时，可以分区处理。建议每个分区的测点规模不要超过 50 万个,如图 6-55 所示。

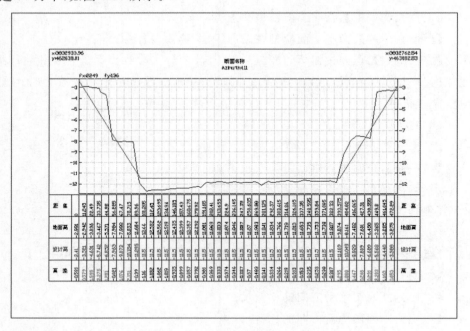

图 6-54　画出的断面图

图 6-55　海量测点分区命令界面图

① 源坐标文件：

【选入坐标文件】：选入源坐标文件，可以一次选多个。

【移出】：把加亮的坐标文件移出对话框，不予处理。

② 输出设置：

【展点】：把分区测点画在图内【point】层上。

【输出到文件】：把分区测点保存到指定的坐标文件中。

【分区外扩宽度】：通常都需要把分区范围线外扩一定距离，保证数据的完整性。

点击【开始分区】按钮，命令行出现提示，要求指定分区范围线，选中范围线后，程序会遍历源坐标文件内的所有测点，选出全部在范围线内的测点，输出到用户指定的位置。

（3）【删除一个层上的所有对象】命令

本命令执行时，命令行出现提示，要求选取一个对象，程序找出这个对象所在的层，然后把这个层上的所有对象全部删除。

（4）【图层操作—只显示当前层】命令

本命令执行时，把当前图层打开，把其他图层全部关闭。

（5）【图层操作—显示全部图层】命令

本命令执行时，将打开所有图层。

（7）【对象显示顺序—当前层上的对象后置】命令

本命令执行时，将当前图层上的所有对象"后置"显示。对应 AutoCAD 的 draworder 命令。

（8）【对象显示顺序—当前层上的对象前置】命令

本命令执行时，将当前图层上的所有对象"前置"显示。

（9）【AutoCAD 菜单切换—切换到 AutoCAD 菜单】命令

本命令执行时，程序会分析当前菜单是不是 AutoCAD 原始菜单，如果不是，将恢复原始菜单。

（10）【AutoCAD 菜单切换—切换到 HyTin 菜单】命令

本命令执行时，程序会把 AutoCAD 当前菜单切换到 HyTinCAD 菜单。

第 7 章

HyTin 应用案例与成果展示

7.1　HyTin 应用案例

7.1.1　土方计算

在安装文件夹中预备了同一段航道的浚前测图和设计模型,用来演示操作步骤。

第一个文件是一张图:浚前测图.dwg;第二个文件是根据设计蓝图做的设计三角网模型:航道设计模型.Tin。

问题提出:请计算挖到设计位置的土方量。

(1) 用模型法计算

打开"浚前测图.dwg",点土方菜单,再点击【模型法计算土方】,弹出模型法土方计算窗口,如图 7-1 所示。

由于没有构建三角网模型,所以选择【模型在图内】(如果水深图是用其他软件生产的,应该先生成三角网模型)。

选取【工后模型】文件,这里就是设计模型文件,并选择【设计面是模型】选项。

点击【精算】按钮,命令行会提示选取计算土方的范围线,可以多选,选中后回车,程序开始计算,屏幕左下角状态条显示计算进度,然后显示土方精算报告,如图 7-2 所示。

在【高级选项】页面有许多选项,用户可以定制输出,例如可以输出分割计算生成的土方三角形、土方标注、挖填方范围线等。

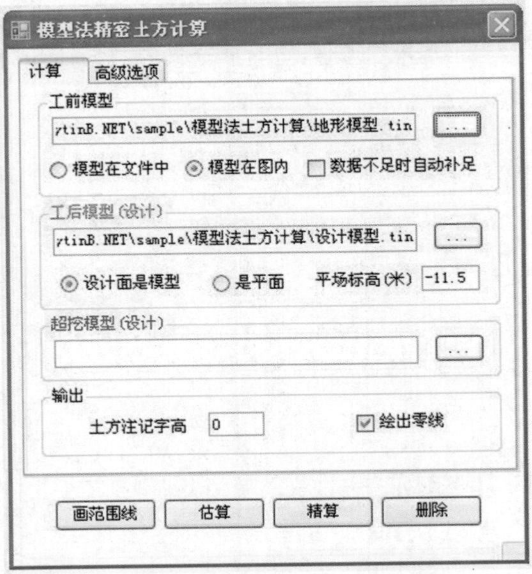

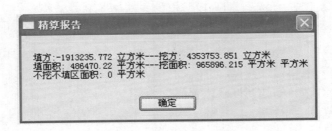

图 7-1　模型法土方计算界面

图 7-2　土方精算报告图

　　点击【估算】按钮,命令行提示选取一根计算土方的范围线,选中后开始计算,计算完成后报告计算结果,可以与【精算】结果对比检核。当设计面是一个平面或斜面时,结果应该相等;否则,估算的土方量精度较低。

　　(2) 用断面法计算

　　第一步:排线,即制作断面切割线。点击菜单【土方】-【断面法计算土方】-【计划切割线制作】,弹出断面切割线制作窗口,如图 7-3 所示。

　　根据具体情况输入相关信息,可以迅速在图内生成切割线,如图 7-4 所示,把切割线保存为文件待用。

　　第二步:生成断面数据文件。断面数据是通过断面切割线在三角网地形模

图 7-3　断面切割线制作窗口

图 7-4　切割线生成图

型上切割生成的,所以必须要有三角网地形模型。设计模型文件(工后模型)已经有了,而实际地形模型(工前模型)还没有,点击菜单【模型】—【生成三角网】,弹出构网窗口,如图 7-5 所示。

在图 7-5 中,选择【点在图内】,全部测点都参加构网,选择【全部选】,这张图

图 7-5　构网窗口

是用 HyTin 软件制作的,选择【HyTin 测点】(测点是【point】层上的点对象)。

【高程范围】,如图 7-5 取一个较大的范围。

【三角形最长边】,根据图内测点间距输入,如果不想费脑筋就输入一个大数。

【过滤扁三角形】:一般输入 20 即可。如果输入 0,则程序将不过滤扁三角形,生成的三角网的边界处可能会出现狭长的扁三角形。

【考虑地性线】,不选。

【过滤跨线三角形】,不选。

【改正平三角形】,不选。

三角网输出:选择【存入文件】,当然可以同时选择【在 CAD 中绘出三角网】。

点击【构网】按钮,生成的三角网存入指定的文件中,三角网地形模型构建完毕,就可以在上面切割断面了。

点击菜单【土方】—【断面法计算土方】—【生成断面数据文件】,弹出窗口,如图 7-6 所示。

【指定断面切割线】:把刚才制作的计划切割线文件选进来。

【指定被切割模型】:把刚才生成的地形三角网模型文件选进来。

【输出断面数据文件】:输入一个断面数据文件名,用于保存将要切割生成

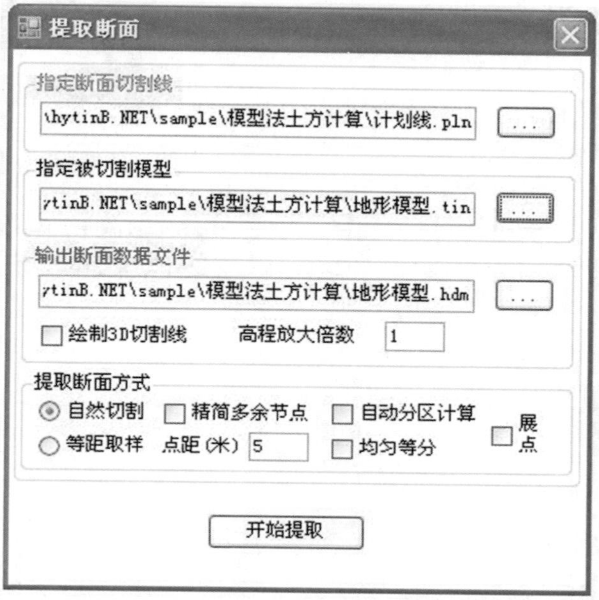

图 7-6　提取断面界面图

的断面数据。

　　点击【开始提取】按钮,程序开始切割断面,并生成断面数据文件,计算完成后报告结果。

　　把【指定被切割模型】换成设计模型,在设计模型上切割生成一个设计断面数据文件。

　　第三步:有了同一个位置切割生成的设计断面数据文件和实际地形断面数据文件后,就可以用断面法算土方了。点击【土方】—【断面法计算土方】—【断面法计算土方】,

　　依次进入断面数据页面、断面规格页面、土方计算页面,如果只想算一下土方,就点击【土方速算】按钮,程序就算出并报告土方(图 7-7),而不绘制断面图。

　　和图 7-2 对比,可以发现模型法与断面法的计算结果相差 0.4％,但是由于基数大,总方量相差达到 2 万方。如果要进一步追问,究竟是模型法准确还是断面法准确,这里推荐一个方法,由于本例是直线航道,所以当断面间距趋近于零,断面法的计算结果应该与模型法相等,用户可以把断面间距缩短到 1 米,再按断面法计算土方,查看与模型法的结果是否相同。

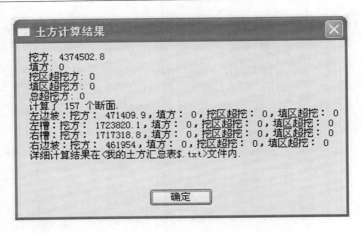

图 7-7　土方精算结果图

7.1.2　制作设计三角网模型

制作设计三角网模型，就是在设计的特征点上插入"点"，再构网即可。以航道为例，假设槽内设计水深 15 米，则两条底坡脚线上所有点的高程都是－15 米，如果坡比是 1∶5，则距离坡脚线 125 米的平移线上所有点的高程都是 10 米（设计模型的范围要做大一点，本例工程范围海底的标高肯定小于 10 米），如图 7-8 所示。

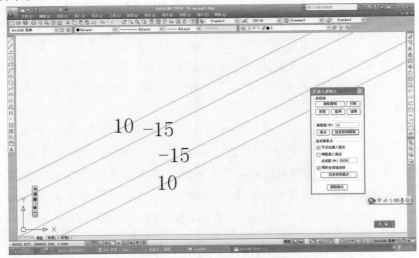

图 7-8　航道模型图

鼠标点击【测点】—【手工插入测点】，出现图 7-9 所示界面。

图 7-9 中，点之间的间距取 200 米，设计三角形的数量并不是越少越好。先给－15 米和 10 米的多段线赋高，然后点击【沿多段线插点】按钮。有了测点后就可以构网，如图 7-10 所示。

可以用三维观察器看看有没有问题（还可以用切 3D 断面、高程分色等方法检查模型的正确性）。如果没有问题，把这些三角形保存在 Tin 文件中，制作完成。如果设计没有变，这项工作只做一次就可以了，完全可以把整个航道或港池做成一个 Tin 文件。如果有多级坡的话无非多画几根线。用这些方法，同样可以根据设计超宽和设计超深制作超挖模型。

图 7-9　插入建模点界面图

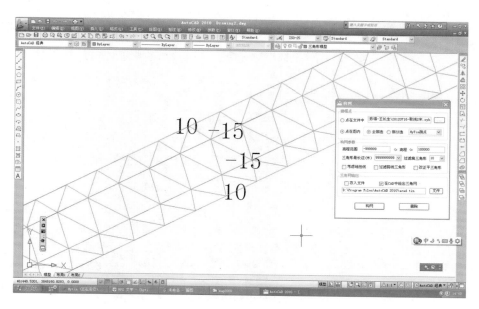

图 7-10　三角网模型图

7.1.3 生成疏浚工程扫浅图

本例是一段多波束扫浅项目。多波束按 2 米取浅提供了 40 万个原始水深点，平均点距 2 米，这样密集的测点显然无法成图，我们的方案是把原始测点按 10 米删选，必须保证不遗漏浅点，还要求画出浅区范围线以指导疏浚施工。

第一步：根据设计参数，制作设计三角网模型。

第二步：用【测点导入导出】命令，把 40 万个测点画在 CAD 中。

第三步：用模型法土方计算功能画出零线，也就是浅区范围线。

第四步：用【密集测点自动删选】命令对 CAD 中 40 万个测点进行删选，使测点的平均边长增加到 10 米，测点数量大大减少。

第五步：用【水深注记】命令对这些测点注记水深后提交。浅点注记的颜色都是红色，绘制在【红色高程】图层中，需要继续疏浚；浅值也是红色，绘制在【浅值】图层中；深点都是蓝色，绘制在【蓝色高程】图层中，这些区域已挖到设计水深不需要再挖了，如图 7-11 所示。

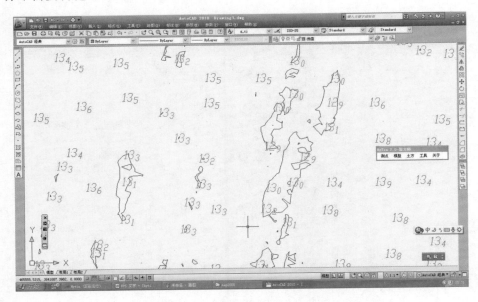

图 7-11　生成的扫浅水深图（局部）

7.2　HyTin 成果展示

　　图 7-12 至图 7-23 是使用 HyTin 制作的成果图件，方面读者对 HyTin 的功能有一个更全面的了解。

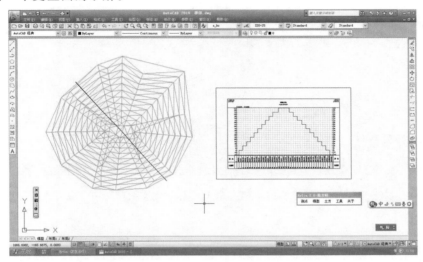

图 7-12　用陡坎地性线构建"梯田"地形

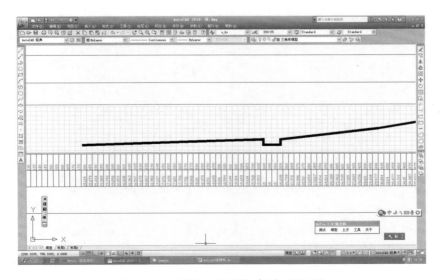

图 7-13　用陡坎地性线构建"水沟"地形

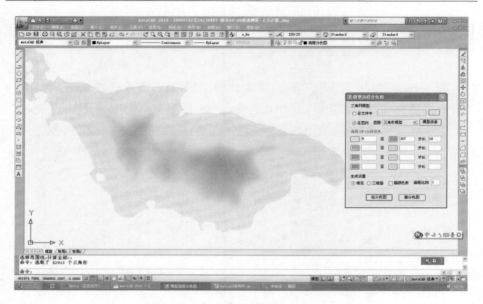

图 7-14　模型高程分色图件（填充）

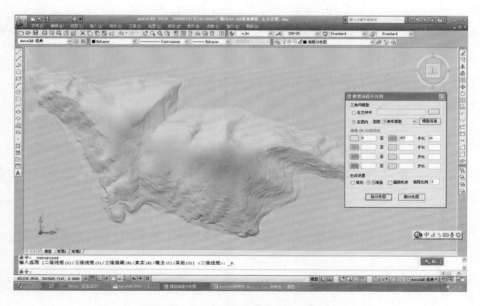

图 7-15　模型高程分色图件（三维面）

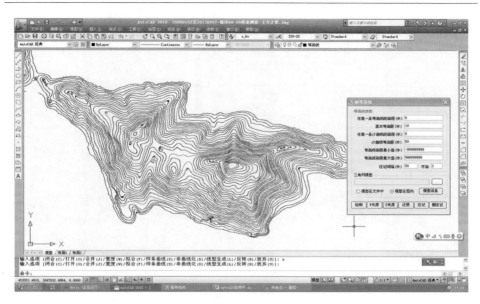

图 7-16　自动生成的等高线图件

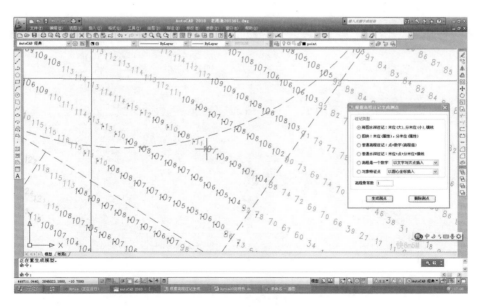

图 7-17　自动提取水深注记的高程信息

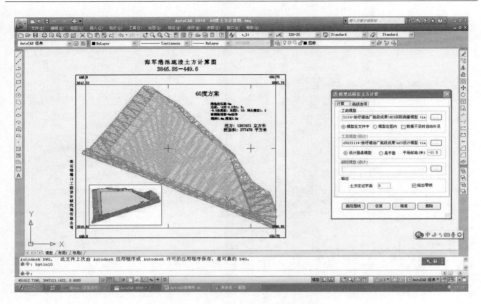

图 7-18　模型法土方计算成果图

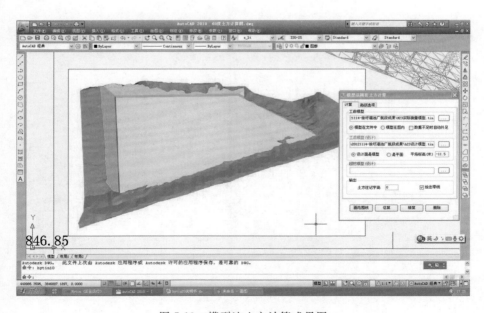

图 7-19　模型法土方计算成果图

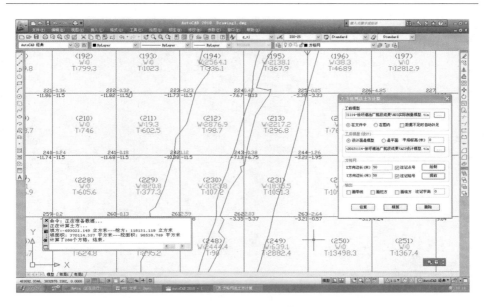

图 7-20　方格网法土方计算成果图

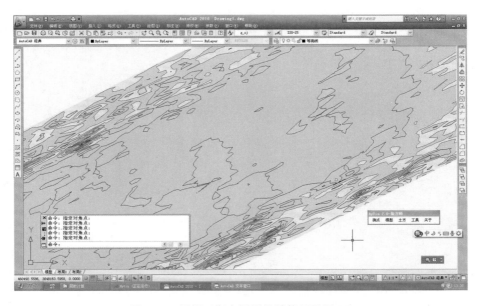

图 7-21　根据两期水深测量计算回淤图(1)

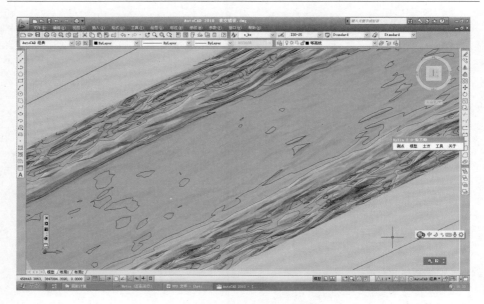

图 7-22 根据两期水深测量计算回淤(2)

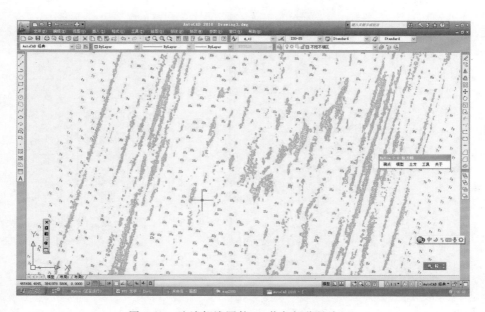

图 7-23 疏浚扫浅图件(土黄色部分是浅区)

参考文献

［1］白一鸣.长航程无人艇的导航—制导—控制系统［J］.世界海运,2017,40(6):14-19.

［2］付梦印,刘飞,袁书明,等.水下惯性/重力匹配自主导航综述［J］.水下无人系统学报,2017,25(2):31-43.

［3］黄应邦,马胜伟,吴洽儿,等.海洋科考船导航中激光导航技术的应用［J］.中国水运(下半月),2017,17(8):28-29,32.

［4］李家明,邹道标,张清伟.国产雾笛导航系统在海洋平台的首次应用［J］.石油和化工设备,2015,18(3):42-45.

［5］刘宏,万立健,陆亚英.基于北斗卫星导航系统的远距离海洋工程高精度定位技术［J］.测绘通报,2017(5):62-66.

［6］王凯,王腾飞,吴兵,严新平.船舶导航与海洋运输安全的发展动态与展望——TansNav2017国际会议综述［J］.交通信息与安全,2017,35(4):1-11.

［7］王立,吴雄斌,马克涛,沈志奔.利用 X 波段导航雷达探测海洋表面流速的方法［J］.武汉大学学报(信息科学版),2015,40(1):90-95.

［8］王世明,李晴.基于北斗卫星导航系统的海洋监测浮标通信系统设计与应用［J］.全球定位系统,2016,41(4):102-105,116.

［9］王炜.国外导航卫星的反射信号在海洋遥感中的应用分析［J］.海洋技术学报,2017(1):31-36.

［10］徐博,郝芮,王超,等.基于倒置声学基阵的 INSUSBL 组合导航算法研究［J］.海洋技术学报,2017,36(5):46-54.

［11］杨元喜,徐天河,薛树强.我国海洋大地测量基准与海洋导航技术研究

进展与展望[J].测绘学报,2017,46(1):1-8.

[12] 曾凡祥,彭朝旭,易锋.ORCA 海洋综合导航定位系统测线设计与实现[J].海洋地质前沿,2015,31(11):58-63.

[13] 翟国君,黄谟涛,欧阳永忠.差分技术在海洋测量中的应用[J].海洋测绘,2017,37(1):1-5.

[14] 张慧.论导航卫星在海洋测绘中的应用[J].科技创新与应用,2016(11):298.

[15] 赵建虎,陆振波,王爱学.海洋测绘技术发展现状[J].测绘地理信息,2017,42(6):1-10.

[16] 赵建虎,王爱学.精密海洋测量与数据处理技术及其应用进展[J].海洋测绘,2015,35(6):1-7.

[17] 祝燕华,蔡体菁,王立辉.海洋重力辅助导航系统的系泊对准算法[J].中国惯性技术学报,2016,24(2):160-163.

[18] 邹伟,王世明.卫星导航系统在海洋工程中的应用[J].全球定位系统,2016,41(3):121-125.